建筑电气设备知识及招标要素系列丛书

10～35/0.4kV 变压器
知识及招标要素

中国建筑设计院有限公司　主编

中国建筑工业出版社

图书在版编目（CIP）数据

10～35/0.4kV 变压器知识及招标要素/中国建筑设
计院有限公司主编.—北京：中国建筑工业出版社，
2016.7
（建筑电气设备知识及招标要素系列丛书）
ISBN 978-7-112-19335-6

Ⅰ.①1… Ⅱ.①中… Ⅲ.①变压器-基本知识②变
压器-工业制造-工业企业-招标-中国 Ⅳ.①TM4②F426.61

中国版本图书馆 CIP 数据核字（2016）第 075633 号

责任编辑：李玲洁　张文胜　田启铭
责任设计：王国羽
责任校对：陈晶晶　姜小莲

建筑电气设备知识及招标要素系列丛书
10～35/0.4kV 变压器知识及招标要素
中国建筑设计院有限公司　主编

*

中国建筑工业出版社出版、发行（北京西郊百万庄）
各地新华书店、建筑书店经销
唐山龙达图文制作有限公司制版
北京云浩印刷有限责任公司印刷

*

开本：787×960 毫米　1/16　印张：6½　字数：102 千字
2016 年 5 月第一版　　2016 年 5 月第一次印刷
定价：**22.00** 元
ISBN 978-7-112-19335-6
（28574）

编写委员会

主　　编：陈　琪（主审）

副 主 编：李　喆（执笔）　李俊民（指导）

编著人员（按姓氏笔画排序）：

　　　　王　旭　王　青　王　健　王玉卿　王苏阳

　　　　尹　啸　祁　桐　李　喆　李沛岩　李建波

　　　　李俊民　张　青　张　雅　张雅维　沈　晋

　　　　陈　琪　陈　游　陈双燕　胡　桃　贺　琳

　　　　曹　磊

参编企业：

　　　　广州西门子变压器有限公司　　罗贤忠

　　　　上海 ABB 变压器有限公司　　张　红

　　　　顺特电气设备有限公司　　　　赵　菲

编 制 说 明

　　建筑电气设备知识及招标要素系列丛书是为了提高工程建设过程中，电气建造质量所做的尝试。

　　在工程建设过程中，电气部分涉及面很广，系统也越来越多，稍有不慎，将造成极大的安全隐患。

　　这套系列丛书以招标文件为引导，普及了大量电气设备制造过程中的实用基础知识，不仅为建设、设计、施工、咨询、监理等人员提供了实际工作中常见的技术设计要点，还为他们了解、采购性价比高的产品提供支持帮助。

　　本册为 10～35/0.4kV 变压器知识及招标要素，第 1 篇给出了 10～35/0.4kV 变压器招标文件的技术部分，第 2 篇叙述了 10～35/0.4kV 变压器制造方面的基础知识，第 3 篇为了更好的掌握变压器的技术特点，摘录了部分 10～35/0.4kV 变压器的产品制造标准，第 4 篇为了帮助建设、设计、施工、咨询、监理对项目有一个大致估算，提供了部分产品介绍及市场报价。

　　在此，特别感谢广州西门子变压器有限公司（简称"厂家 1"）、上海 ABB 变压器有限公司（简称"厂家 2"）、顺特电气设备有限公司（简称"厂家 3"）提供的技术支持。

　　注意书中下划线内容，应根据工程项目特点修改。

　　总之，尝试就会有缺陷、错误，希望建设、设计、施工、咨询、监理单位，在参考建筑电气设备知识及招标要素系列丛书时，如有意见或建议，请寄送中国建筑设计院有限公司（地址：北京市车公庄大街 19 号，邮政编码 100044）。

中国建筑设计院有限公司

2015 年 12 月

目　　录

第1篇 变压器招标文件

第1章 总 则

1.1 一般规定

1. 投标人应具备招标公告所要求的资质，具体资质要求详见招标文件的商务部分。

2. 投标人须仔细阅读包括技术规范在内的招标文件阐述的全部条款。投标人提供的10kV变压器应符合招标文件的要求。

3. 本招标文件技术规范对10kV变压器的技术参数、性能、结构、试验等方面提出了技术要求。

4. 本招标文件技术规范提出的是最低限度的技术要求，并未对一切技术细节作出规定，也未充分引述有关标准和规范的条文，投标人应提供符合本技术规范引用标准的最新版本标准和本招标文件技术规范要求的全新产品。如果所引用的标准之间不一致或本招标文件技术规范所使用的标准与投标人所执行的标准不一致，则按要求较高的标准执行。

5. 如果投标人没有以书面形式对本招标文件技术规范的条文提出差异，则意味着投标人提供的设备完全符合本招标文件的要求。如有与本招标文件要求不一致的地方，必须逐项在技术差异表中列出。

6. 本招标文件技术规范将作为订货合同的附件，与合同具有同等的法律效力。本招标文件技术规范未尽事宜，由合同签约双方在合同谈判时协商确定。

7. 本招标文件技术规范中涉及有关商务方面的内容，如与招标文件的商务部分有矛盾，则以商务部分为准。

1.2 投标人应提供的资格文件

1. 投标人或制造商投标产品的销售记录及相应的最终用户的使用情况证明。

2. 投标人或制造商应提供权威机关颁发的 ISO 9000 系列的认证书或等同的质量保证体系认证书。

3. 投标人或制造商应提供履行合同所需的技术和主要设备等生产能力的文件资料。

4. 投标人应提供有能力履行合同设备维护保养、修理及其他服务义务的文件。

5. 投标人或制造商应提供投标产品全部有效的型式试验报告。

6. 投标人或制造商应提供一份详细的投标产品中外购置或配套部件供应商清单及检验报告。

1.3 适用范围

1. 本招标文件的适用范围仅限于本工程的投标产品,内容包括设计、结构、性能、安装、试验、调试及现场服务和技术服务。

2. 中标人应不晚于签约后 2 周内,向买方提出一个详尽的生产进度计划表,包括产品设计、材料采购、产品制造、厂内测试以及运输等项目的详情,以确定每部分工作及其进度。

3. 工作进度如有延误,卖方应及时向买方说明原因、后果及采取的补救措施等。

1.4 对设计图纸、说明书和试验报告的要求

1.4.1 图纸及图纸的认可和交付

1. 所有需经买方确认的图纸和说明文件,均应由卖方在合同生效后的 4 周内提交给买方进行审定认可。这些资料包括 10kV 变压器总装图、基础图、电气原理图等。买方审定时有权提出修改意见。

2. 卖方在收到买方确认图纸(包括认可修正意见)后,应于 2 周内向买方提供最终版的正式图纸和一套供复制用的底图及正式的光盘,正式图

纸必须加盖生产厂公章及签字。

3. 完工后的产品应与最后确认的图纸一致。买方对图纸的认可并不减轻卖方关于其图纸的正确性的责任。设备在现场安装时，如卖方技术人员进一步修改图纸，卖方应对图纸重新收编成册，正式递交买方，并保证安装后的设备与图纸完全相符。

4. 图纸的格式：所有图纸均应有标题栏、相应编号、全部符号和部件标志，文字均用中文，并使用 SI 国际单位制。对于进口设备以中文为主，当买方对英文局部有疑问时，卖方应进行书面解释。卖方免费提供给买方全部最终版的图纸、资料及说明书。

5. 变压器所需图纸：

(1) 变压器主要器件及配件图表见技术参数和性能要求响应表。

(2) 外形尺寸图：图纸应标明全部所需要的附件数量、目录号、额定值和型号等技术数据，以及运输尺寸和质量、装配总质量。图纸应标明变压器底座和基础螺栓尺寸、位置。

(3) 铭牌图：应符合国家相关标准的规定。

1.4.2　说明书的要求

1. 变压器的结构、安装、调试、运行、维护、检修和全部附件的完整说明和技术数据。

2. 概述：简述结构、接线、铁芯形式和绕组设计等。

3. 变压器和所有附件的全部部件序号的完整资料。

4. 其他说明资料（包括不同过载情况下的温度-时间特性曲线）。

1.4.3　试验报告

卖方应提供下列试验报告：

1. 变压器的例行和合同规定项目的试验报告。

2. 其他附件的试验报告和变压器制造厂的验收报告。

第2章　招标内容

包括_____建设工程所需干式变压器的设计、制造、运输、指导安装、调试、验收及保修等的所有内容，详见设计图纸。

招标清单见表 1.2-1。

招标清单   表 1.2-1

序 号	货物名称	规格型号	数 量
1	干式变压器		
2	干式变压器		
3	干式变压器		
4	干式变压器		

第3章 设备使用环境

变压器接线组别，要求_____。变压器应自带强制风冷装置。

变压器应适应当地气候条件，并适于在下列条件下连续工作。

海拔高度：1000m 及以下；

环境温度：−5～40℃；

相对湿度：不大于 93％；

电源电压波形：应近似于正弦波；

多相电源电压对称：对于三相变压器，其三相电源电压应近似对称。

第4章 遵循的标准和规范

4.1 执行的标准

合同中所有设备、备品备件，包括卖方从第三方获得的所有附件和设备，除本标书提及的规范中规定的技术参数和要求外，其余均应遵照最新版本的电力行业标准（DL）、国家标准（GB）和 IEC 标准及国际单位制（SI），这是对设备的最低要求。投标人如果采用自己的标准或规范，必须向买方提供中文和英文（若有）复印件并经买方同意后方可采用，但不能低于电力行业标准（DL）、国家标准（GB）和 IEC 标准的有关规定。所有螺栓、双头螺栓、螺纹、管螺纹、螺栓夹及螺母均应遵守国际标准化组织（ISO）和国际单位制（SI）的标准。

4.2 执行的规范

《电力变压器 第1部分：总则》GB 1094.1—2013；

《电力变压器 第2部分：液浸式变压器的温升》GB 1094.2—2013；

《电力变压器 第3部分：绝缘水平、绝缘试验和外绝缘空气间隙》GB 1094.3—2003；

《电力变压器 第4部分：电力变压器和电抗器的雷电冲击和操作冲击试验导则》GB/T 1094.4—2005；

《电力变压器 第5部分：承受短路的能力》GB 1094.5—2008；

《电力变压器 第10部分：声级测定》GB/T 1094.10—2003；

《绝缘配合 第1部分：定义、原则和规则》GB 311.1—2012；

《电力变压器应用导则》GB/T 13499—2002；

《电力变压器选用导则》GB/T 17468—2008；

《标称电压高于1000V系统用户内和户外支柱绝缘子 第1部分：瓷或玻璃绝缘子的试验》GB/T 8287.1—2008；

《标称电压高于1000V系统用户内和户外支柱绝缘子 第2部分：尺寸与特性》GB/T 8287.2—2008；

《变压器、高压电器和套管的接线端子》GB/T 5273—1985；

《变压器类 产品型号编制方法》JB/T 3837—2010；

《干式电力变压器技术参数和要求》GB/T 10228—2015；

《电力变压器 第11部分：干式变压器》IEC 60076-11—2004；

《电力变压器 第12部分：干式电力变压器负载导则》IEC 60076.12—2008；

《电力变压器 第11部分：干式变压器》GB 1094.11—2007；

《电力变压器 第12部分：干式电力变压器负载导则》GB/T 1094.12—2013；

《外壳防护等级（IP代码）》GB 4208—2008；

《6kV~500kV级电力变压器声级》JB/T 10088—2004；

《干式电力变压器产品质量分等》JB/T 56009—1998；

《电气装置安装工程　电气设备交接试验标准》GB 50150—2006。

第5章　主要技术参数

1. 系统参数

(1) 额定电压：__10kV__。

(2) 最高工作电压：__12kV__。

(3) 额定频率：__50Hz__。

(4) 接地方式：__由买方确定__。

2. 技术参数

(1) 主要性能指标不得低于__SCB10 型干式变压器__。

(2) 原边额定电压：__10kV__。

(3) 原边最高电压：__12kV__。

(4) 次边额定电压：__0.4kV__。

(5) 电源额定频率：__50Hz__。

(6) 相数：__三相__。

(7) 高压分接：_____。

(8) 连接组别：_____。

部分厂家变压器高压分接及连接组别见表 1.5-1。

技术参数（一）　　　　　　　　　　表 1.5-1

参　数	厂家 1	厂家 2	厂家 3
高压分接	±2×2.5%	±2×2.5%	±2×2.5%
连接组别	Dyn11	Dyn11	Dyn11

(9) 绝缘水平：_____。

(10) 绝缘耐热等级：_____。

(11) 冷却方式：_____。

部分厂家变压器绝缘水平、绝缘耐热等级及冷却方式见表 1.5-2。

技术参数（二）   表1.5-2

参　　数	厂家1	厂家2	厂家3
绝缘水平	LI75AC35/LI0AC3	LI75AC35/LI0AC3	LI75AC35/LI0AC3
绝缘耐热等级	F	F	F
冷却方式	AN/AF	AN/AF	AN/AF

（12）使用条件：_____。

（13）局部放电：_不大于10PC_。

（14）噪声水平：_____。

部分厂家变压器使用条件、局部放电及噪声水平见表1.5-3。

技术参数（三）   表1.5-3

参　　数	厂家1	厂家2	厂家3
使用条件	户内	户内	户内
局部放电	≤5PC	≤5PC	<3PC
噪声水平	≤56dB	≤56dB	<52dB

（15）过负荷能力（自冷方式下）：_____。

部分厂家变压器过负荷能力见表1.5-4。

技术参数（四）   表1.5-4

厂　家	过负荷能力
厂家1过负荷能力曲线	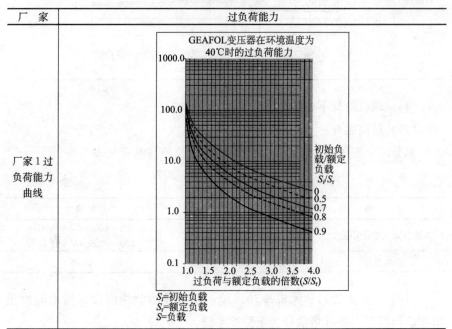

续表

厂　家	过负荷能力
厂家2过负荷能力曲线	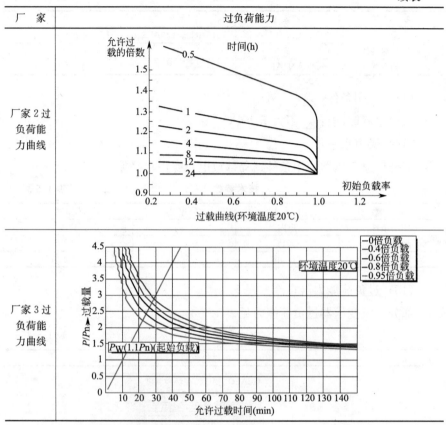
厂家3过负荷能力曲线	

（16）风机冷却下过负荷能力：_____。

（17）最高温升：_____。

部分厂家变压器风机冷却下过负荷能力及最高温升见表1.5-5。

技术参数（五）　　　　　　　　　　表 1.5-5

参　数	厂家1	厂家2	厂家3
风机冷却下过负荷能力	140%	140%	500～1600kVA 时 50%； 2000～2500kVA 时 40%
最高温升	100K	100K	100K

（18）设置温控器和风机冷却系统，就地显示绕组温度，输出温度报警和跳闸信号，并可将信号送至监控系统。

（19）变压器通风装置由温控器控制。

（20）寿命：_____。

部分厂家变压器寿命见表 1.5-6。

技术参数（六）　　　　　　　　　　　　　表 1.5-6

参　数	厂家 1	厂家 2	厂家 3
寿命	30 年	≥30 年	＞60 年

（21）**数据偏差**：制造商应按《电力变压器　第 1 部分：总则》GB 1094.1—2013 的规定保证额定数据在允许的偏差范围之内。

3. **基本构造**：_____绝缘结构

部分厂家变压器基本构造见表 1.5-7。

技术参数（七）　　　　　　　　　　　　　表 1.5-7

参　数	厂家 1	厂家 2	厂家 3
基本构造	带填料薄绝缘	真空浇注干式	环氧树脂浇注薄绝缘

4. **低压绕组**：_____。

部分厂家变压器低压绕组见表 1.5-8。

技术参数（八）　　　　　　　　　　　　　表 1.5-8

参　数	厂家 1	厂家 2	厂家 3
低压绕组	铜箔 T2 铜	箔绕，树脂端封	铜箔导体

5. **高压绕组**：_____。

部分厂家变压器高压绕组见表 1.5-9。

技术参数（九）　　　　　　　　　　　　　表 1.5-9

参　数	厂家 1	厂家 2	厂家 3
高压绕组	铜箔 T2 铜	H 级绝缘树脂真空浇注	铜线导体

6. **铁芯**：_____。

部分厂家变压器铁芯厂家见表 1.5-10。

技术参数（十）　　　　　　　　　表 1.5-10

参　　数	厂家 1	厂家 2	厂家 3
铁芯厂家	30Q120	ABB 合格供应商	武钢

7. 线圈

线圈应能承受使用中可能出现的介电应力、电磁应力和热应力，包括由短路所产生的应力。线圈导线可以采用铜导线，并且为避免形成不希望出现的气泡，高压线圈应在高温时在真空条件下涂抹环氧树脂和玻璃纤维。在线圈密封后，线圈应免除维修、防潮和防火。低压线圈应采用热处理方法将导线和绝缘材料粘结在一起，以形成一个密封防潮的小型紧凑的部件。空载损耗和负载损耗应满足《三相配电变压器能效限定值及能效等级》GB 20052—2013 的要求。

8. 高压和低压间额定电力下短路阻抗：_____%。

部分厂家变压器短路阻抗见表 1.5-11。

技术参数（十一）　　　　　　　　　表 1.5-11

参　　数	厂家 1	厂家 2	厂家 3
短路阻抗	6% 或 8%	500～1600kVA 时 6%； 2000～2500kVA 时 8%	6% 或 8%

最大正分接头：能满足供电局的要求即可。

最大负分接头：能满足供电局的要求即可。

9. 能效限定值

在规定测试条件下，配电变压器空载损耗和负载损耗的允许最高限值均应不高于《三相配电变压器能效限定值及能效等级》GB 20052—2013 中表 2 之规定。

10. 铁芯和机架

铁芯螺栓和钢夹机架应采用不受变压器操作条件影响的绝缘材料。变压器绝缘件应经防潮处理，铁芯零件应经防锈处理。铁芯的箍数应足以保证芯柱的压缩。铁芯只在一个点上与机架作电气连接。在机架上应装有牵引环和吊耳。

11. 端接法

高压铜接头应能调节。在高压电缆盒内的___10kV___电缆带有可伸缩的保护套端头。

12. 防护外壳

变压器如需装配外壳作额外保护时，保护级别不低于_____，外壳采用镀锌钢板，根据要求可以涂防静电漆。每套外壳的前后均配有带可靠安全保护的可开门，便于高压接头与电缆连接。底板处有开孔，便于电缆敷设，顶板或侧板须与电气分包单位协调提供顶板或侧板开孔，便于母线槽的接驳。

部分厂家变压器防护等级见表1.5-12。

技术参数（十二）　　　　　　　　　　　　表1.5-12

参　　数	厂家1	厂家2	厂家3
防护等级	≥IP20	≥IP20	≥IP20

13. 报警和跳闸接点的要求

变压器应设有保护用的报警和跳闸接点，所用继电器的时间常数_____、断流容量_____（最大VA）。

部分厂家变压器时间常数及断流容量见表1.5-13。

技术参数（十三）　　　　　　　　　　　　表1.5-13

参　　数	厂家1	厂家2	厂家3
时间常数	—	6ms	阻性:无;感性:7ms
断流容量	接点容量5A/250V	AC250V,10A/5VA	阻性:10A/250V;感性:7.5A/250V

14. 温控装置

变压器应配有温控装置，其基本功能如下：

（1）配温控器，测温元件埋设在低压线圈内，三相线圈巡回轮流检测。

（2）温度传感器实时检测三相绕组温度和铁芯温度。

（3）具有风机自动启/停、绕组超温报警、绕组超高温跳闸、铁芯超温报警、外壳开门监视等功能。

（4）温度模拟量信号、超温报警、超高温跳闸及风机运行/故障、外壳开门等信息应能通过远程通信口（应提供 RS485 接口）传送到电力监控系统。

（5）应具有数据存储功能，在装置故障或停电时所有数据不会丢失。

（6）应具有液晶显示屏、LED 显示灯和操作键盘，能实时显示温度信息和故障信息，并可通过操作键盘设置和修改各种定值和参数。报警温度和跳闸温度定值可根据变压器的实际情况和用户的需要设置。

（7）温控装置安装于变压器外壳上面对变压器房门口，或安装于变压器房适当位置。

（8）通信协议应采用对用户完全开放的国际标准规约。

15.电磁锁（带外壳需配置）

（1）具有指示锁定、打开状态的指示装置。

（2）锁栓具有自动复位功能。

（3）具有将锁栓保持在锁定位置的功能。

（4）借助专用工具，具备手动解锁功能。

（5）在 85%~110%额定电压下应能可靠工作。

（6）具有防潮、防霉及排除内部凝露的性能。

（7）采用同型号产品，易损件应具有互换性。

16.油漆

所提供的油漆应充分保护铁芯、机架、保护罩、轮子等以防腐蚀。采用刷涂或喷涂的方法，油漆厚度_____。保护罩型配电屏的内外侧应用同样的方法处理。金属制件最好应在喷砂后，在同一天内不暴露于室外立即被热喷涂锌。

部分厂家变压器油漆厚度见表 1.5-14。

技术参数（十四）   表 1.5-14

参　　数	厂家 1	厂家 2	厂家 3
油漆厚度	80μm	80μm	800μm

17.端接标记

分别在高压和低压终端印压或蚀刻大写字母 A、B、C 和小写字母 a、b、c，字母印压或蚀刻在经久防腐蚀的金属板上，金属板牢固地固定在变压器保护罩上。不应使用表示电源相位的色标，也不应使用粘贴标签作标记。

18. 外壳尺寸

投标人应标明外壳尺寸、高压和低压端接的固定高度和相应的公差。

注：外壳尺寸需核实变电所平面布置，不满足要求时需提出。

19. 额定值板和连接板

（1）变压器应固定有一块额定值板。该板也应提供线圈连接和抽头的样图。

（2）额定值板和连接板应用经久耐蚀的金属材料制成，并应牢固地固定在保护罩上。

20. 变压器配套有：

（1）分接头：高压侧分为_____级，电压级的变化需要改变无载干式分接联结铜片。

（2）高压终端：配有电缆箱的高压 3 极线路端子，并安排电缆由顶部或底部引入，用高压电缆终接。

（3）低压终端：安排铜母线由顶部引入，用低压铜母线终接。

（4）低压中性线被引出并可靠接地。

（5）线圈温度警报控制系统安装于不受气候影响的箱内。

（6）线圈温度显示器。

（7）防振垫。

21. 试验

按有关标准要求，提供形式试验报告，产品出厂前进行出厂试验。

（1）形式试验

1）温升试验；

2）雷电冲击试验。

（2）特殊试验

1）噪声试验；

2）短路试验（提供同类产品突发短路试验报告）。

（3）出厂试验

1）绕组电阻测定试验；

2）电压比测量及电压矢量关系的检定；

3）阻抗电压、短路阻抗及负载损耗的测量；

4）空载损耗及空载电流的测量；

5）外施耐压试验；

6）感应耐压试验；

7）局部放电测量。

（4）现场试验

按《电气装置安装工程　电气设备交接试验标准》GB 50150—2006 的相关规定执行。

22. 铭牌

每台装置必须在机箱的显著位置设置持久明晰的铭牌，标志以下内容：

（1）干式变压器；

（2）代号；

（3）制造单位名称；

（4）出厂序号；

（5）制造年月；

（6）每个绕组的绝缘系统温度；

（7）相数；

（8）每种冷却方式的额定容量；

（9）额定频率；

（10）额定电压，包括各分接电压（如果有）；

（11）每种冷却方式的额定电流；

（12）联结组标号；

（13）在额定电流及相应参考温度下的短路阻抗；

（14）冷却方式；

（15）总质量；

（16）绝缘水平；

（17）防护等级；

（18）环境等级；

（19）气候等级。

23. 运输、验收

中标后所有变压器及配件由卖方负责装箱和运输，在指定日期前送达买方要求地点。如果对运输外限尺寸或质量有限制，则应在招标时提出。

（1）合同设备的安装、调试将由买方根据卖方提供的技术文件和说明书的规定在卖方技术人员指导下进行。

（2）合同设备的性能试验、试运行和验收根据本规范规定的标准、规程、规范进行。

（3）完成合同设备的安装后，买方和卖方应检查和确认安装工作，并签署安装工作证明书，一式两份，双方各执一份。

（4）合同设备安装、调试和性能试验合格后方可投入试运行。试运行后买卖双方应签署合同设备的验收证明书（试运行时间在合同谈判中商定）。该证明书一式两份，双方各执一份。

（5）如果安装、调试、性能试验、试运行及质保期内技术指标一项或多项不能满足合同技术部分要求，买卖双方共同分析原因，分清责任，如属制造方面的原因，或涉及索赔部分，按商务部分有关条款执行。

24. 培训

（1）卖方应根据买方要求，指定售后服务人员，对安装承包商进行相关业务指导。卖方应根据工地施工的实际工作进展，及时提供技术服务。

（2）卖方售后服务人员代表卖方完成合同规定有关设备的技术服务。

（3）卖方售后服务人员有义务协助买方在现场对运行和维护人员进行必要的培训。

（4）卖方售后服务人员的技术指导应是正确的，如因错误指导而引起设备和材料的损坏，卖方应负责修复、更换和/或补充，其费用由卖方承担，该费用中还包括进行修复期间所发生的服务费。买方的有关技术人员应尊重卖方售后服务人员的技术指导。

25. 技术资料及备件

卖方应提供详细的装箱清单。

卖方向买方提供的资料和图纸见表 1.5-15。

卖方向买方提供的资料和图纸 表 1.5-15

序号	内容	份数	交付时间	收图单位
1	图纸类			
1.1	总装图			
1.2	基础图			
1.3	标明一次和二次所有端子的标志图			
1.4	铭牌图			
2	安装使用说明书			
2.1	__10kV__ 变压器安装、运行、维护、修理、调整和全部附件的完整说明和技术数据			
2.2	__10kV__ 变压器和所有附件的全部部件序号的完整资料及说明		详见技术规范专用部分	
2.3	额定值和特性资料			
2.4	例行试验数据			
2.5	表示设备的结构图以及对基础的技术要求			
2.6	其他适用的资料和说明			
2.7	设备外购件结构、调试方法及说明			
3	试验报告			
3.1	变压器的例行和合同规定项目的试验报告(包括主要部件和外购件)			
3.2	其他附件的试验报告和变压器制造厂的验收报告			

第 2 篇　35kV 及以下配电
变压器基础知识

第 1 章　概　　述

1. 变压器定义：变压器是一种静置的电力设备，它利用电磁感应原理，将某一数值的交流电压变成频率相同的一种或两种数值不同的交流电压，故称为变压器。

2. 变压器定义说明：经过变压器，不仅可以改变交流电压数值，同时也相应改变了电流的数值，但变压器不能把能量变大或变小。实际上，变压器在工作中本身有能量损耗，故它输出的能量略小于输入的能量。

3. 三相线路的视在功率为：$S=\sqrt{3}U_{\mathrm{X}}I_{\mathrm{X}}$，式中 U_{X} 和 I_{X} 为线电压和线电流。从式中看出，在输送相同功率情况下，若升高电压 U_{X}，则线路电流 I_{X} 成比例减小，这样既可节约导线材料，又可减小线路能量损耗和电压降。但从用户方面来讲，为了安全用电和降低用户设备的造价，电压又不能太高。这就出现了高压配电和低压用电之间的矛盾。而利用变压器就能既经济又方便地解决这个矛盾。

4. 输配电系统示意图（见图 2.1-1）。

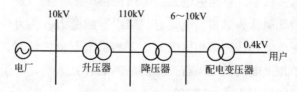

图 2.1-1　输配电系统示意图

图 2.1-1 表示出在整个电能的产生、输送、分配和使用过程中，变压器是不可缺少的电力设备之一。

5. 变压器分类：

（1）按用途分：

电力变压器（输电配电用）；

感应调压器（调整电压用）；

仪用变压器（测量用）；

自耦变压器；

特种变压器。

（2）按相数分：

单相变压器；

三相变压器；

多相变压器。

（3）按线圈分：

单线圈（自耦变压器）；

双线圈；

三线圈。

（4）按冷却介质和冷却方式分：

油浸式；

干式。

6. 单相变压器

单相变压器即一次绕组和二次绕组均为单相绕组的变压器。单相变压器结构简单、体积小、损耗低，主要是铁损小，适宜在负荷密度较小的低压配电网中应用和推广。有资料显示单相变压器在发达国家得到广泛应用，例如美国、日本，单相供电制成为居民供电的主要方式，在这种宣传下，有些人因此而认为单相供电具有"降损"的魔力，认为单相变压器比三相变压器更节能，认为单相供电制比三相供电制更优越。其实不然，单相变压器与单相供电制只是当前三相供电制的补充形式，由于其自身特性的约束，它只能应用于某些特定的领域。

7. 三相变压器

三相变压器，一般初级有三个绕组，其接法分为三角形和星形、延边三角形等，三个绕组上的电压、电流大小相等，相位互差120°，也就是常见的三相 380V 接线方式，其铁芯传统的是三相三芯柱、三相五芯柱、渐开线形等形式。目前电力系统均采用三相制，因而三相变压器的应用极为广泛。

一般来讲，三相变压器的一个铁芯上有三个绕组，可以同时将三相电源变压到二次侧绕组，其输出也是三相电源。而单相变压器的铁芯上只有一个绕组，只能将一相电源变压到二次侧输出。在大型变电站和发电厂中，也采用三个单相变压器组合成一个三相变压器，称为"组合式三相变压器"。一般电网输送和工业上都采用三相电源，所以都采用三相变压器。而单相变压器一般用于民用需要单相电源的地方，如家用电器等，其容量比较小。

第 2 章　变压器基本原理及构造

三相变压器的原理和单相变压器的原理是相同的，为了方便，我们以单相变压器为例来说明它的基本原理。

图 2.2-1 为变压器原理图，在一个闭合的铁芯上分别绕有两个匝数不等的线圈，铁芯为磁路；线圈为电路。与电源相接的线圈称为原绕组或一次绕组，与负载相接的线圈称为副绕组或二次绕组，匝数多的称为高压绕组，匝数少的称为低压绕组。一次绕组与二次绕组没有电联系，只有磁的耦合。

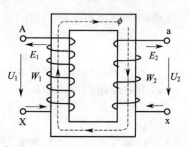

图 2.2-1　变压器原理图

若在一次绕组 A-X 端接入频率为 f 的交流电压 U_1，则一次绕组中便流过交流电流 I_1，该电流在铁芯中产生交变磁通 Φ，它同时通过两个线圈。根据电磁感应定律，在一次绕组和二次线组中分别产生感应电动势 E_1 和 E_2。由于穿过两个线圈的磁通相同，即磁通在两个线圈的每一匝所产生的匝电势相等，所以 E_1 和 E_2 的大小与各自线圈的匝数 W_1 和 W_2 成正比。

由此可见，选择匝数不同的两个线圈，可以得到不同的电压。

对于负载来说，变压器的二次绕组就是电源，二次绕组 a-x 与负载形成的电路中便有电流 I_2 通过。这样就把一次绕组所吸收的电能，经电磁相互作用，转变为二次绕组输出电能。

第3章 变压器空载运行、 负载运行及短路试验

3.1 空载运行及变比

如图 2.3-1 所示，当变压器的一次绕组接入额定频率的正弦交流电压 U_1，二次绕组开路（即二次电流为零）时，这种状态称为空载运行。在 U_1 作用下，一次绕组通过交变空载电流 I_0，它的数值为一次额定电流的 $0.3\% \sim 3\%$，I_0 在铁芯中产生交变磁通，该磁通大部分经过铁芯构成闭合回路称为主磁通，用 Φ_0 来表示，主磁通幅值用 Φ_m 表示。此外还有一小部分磁通经空气气隙构成回路称漏磁通，用 Φ_{1L} 表示。交变的主磁通 Φ_0 在一、二次绕组中分别产生频率相同的感应电势 E_1 和 E_2，其数值 E_1、E_2 为：

$$E_1 = cfW_1\Phi_m \qquad (2.3-1)$$

$$E_2 = cfW_2\Phi_m \qquad (2.3-2)$$

式中 c 为比例常数。

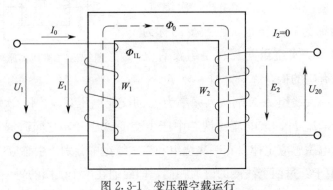

图 2.3-1 变压器空载运行

在空载情况下，由于数值很小，它在一次绕组内产生的压降很小，可

以忽略不计。所以，一次绕组电势 E_1 等于外加电压 U_1；同时二次绕组绕组开路，则二次绕组端电压 U_2 等于二次绕组电势 E_2，即：

$$E_1 \approx U_1 \tag{2.3-3}$$

$$E_2 \approx U_2 \tag{2.3-4}$$

所以：

$$U_1/U_2 = E_1/E_2 = cfW_1\Phi_m/(cfW_2\Phi_m) = W_1/W_2 \tag{2.3-5}$$

变压器不同线圈之间额定电压比值称为变压比。

在三相变压器中，变压比指不同线圈之间的线电压比值。由于三相变压器的连接方式不同，变压器的线电压与相电势可能不相等（例如 Y 连接时，线电压等于相电势的 $\sqrt{3}$ 倍）。因此，三相变压器的变比与一、二次侧线圈匝数比，应区别开来。

3.2　变压器的负载情况及调压

如图 2.3-2 所示为变压器的负载情况。当二次绕组通过电流 I_2 后，该电流在铁芯里产生磁通 Φ_2，企图使铁芯原有主磁通 Φ_0 发生改变。但当外加电压 U_1 不变时，$U_1 \approx E_1$。

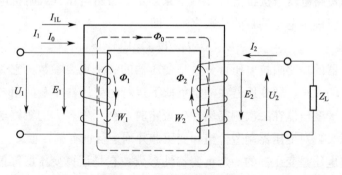

图 2.3-2　变压器负载运行

根据公式(2.3-1)，主磁通的幅值 Φ_m 基本上保持不变，即 Φ_0 基本不变。因此，在一次绕组中就要增加一个电流分量 I_{1L}，它产生磁通 Φ_1 来抵消 Φ_2。由此可知，变压器二次绕组连接负载后，一次绕组中的电流 I_1 等于 I_0 与 I_{1L} 的向量和。当负载电流 I_2 增大或减小时，变压器的一次电流 I_1 也相应的增大或减小。如果忽略变压器在能量过程中本身的损耗，则一次绕组吸收的电功率与二次绕组输出的电功率相等。即：

$$U_1 I_1 = U_2 I_2 \text{ 或写成 } I_1/I_2 = U_2/U_1 = W_2/W_1 \qquad (2.3\text{-}6)$$

公式(2.3-6)表明，变压器一、二次绕组的电流与其匝数成反比。升压变压器的一次绕组匝数少，二次绕组匝数多，降压变压器与此相反。变压器在负载情况下运行时，其二次电压随负荷及一次网路电压的变化而变动，若电压变动值超过允许范围，将影响用电设备的正常运行。

因此，供电部门必须保证用户的电压质量，即电压应在规定范围内变动。为了达到上述目的，可从变压器一次绕组中抽出一定数量的分接头，利用分接开关改变线圈的匝数来实现电压调整。这是通常使用的主要方法之一。

3.3 变压器短路试验及阻抗电压

变压器短路试验是为了测定变压器的短路电压和短路时的损耗（铜损）。变压器短路试验一般是将低压绕组两端直接短路，利用自耦变压器使高压绕组两端所加电压由零逐渐增大，直到使高、低压绕组电流达到额定值。此种情况下，变压器所消耗的功率称为短路损耗，高压绕组所加的电压称为短路电压（伏特值），用 U_d 来表示。短路电压（或阻抗电压百分数）通常以额定电压的百分数来表示，即：

$$U_d\% = U_d/U_{ed} \times 100 \qquad (2.3\text{-}7)$$

变压器的短路阻抗电压百分数是变压器的一个重要参数，它表明变压器内阻抗的大小，即变压器在额定负荷下运行时变压器本身的阻抗压降大小。它对于变压器在二次侧突然发生短路时，会产生多大的短路电流有决定性的意义，对变压器制造价格和变压器并列运行也有重要意义。

短路电压是变压器的一个重要特性参数，它是计算变压器等值电路及分析变压器能否并列运行和单独运行的依据，变压器二次侧发生短路时，将产生多大的短路电流也与阻抗电压密切相关。因此，它也是判断短路电流热稳定和动稳定及确定继电保护整定值的重要依据。

变压器短路试验时，其内部的物理现象与变压器满载（额定负载）运行时相似，但由于低压绕组是短路的，其两端电压为零。所以，短路电压 U_d 就是在额定电流时变压器一次和二次阻抗的总压降，故短路电压又称为阻抗电压。同容量的变压器，其电抗愈大，短路电压百分数也愈大，同样的电流通过，大电抗的变压器，产生的电压损失也愈大，故短路电压百分数大的变压器的电抗变化率也愈大。我国生产的电力变压器，阻抗电压百分数一般在 4%～24%范围内。

3.4　变压器的极性和三相变压器的接线组别

1. 变压器的极性

在直流电路中，电流的正极和负极具有不同的电位，称为直流电源的极性。在变压器中，虽然一次电压和二次电压都是不变的，但在某一瞬间，一次绕组的两个端头中一个具有高电位，而另一个具有低电位。在同一时间内，二次绕组的两个端头中，也有这种情况出现。为了确定在同一瞬间，变压器一、二次绕组中感应电势的方向，就需要确定绕组的极性。若变压器的两个线圈绕向相同，而且同一侧线端标号一致，则一、二次电势相位相同；若两个线圈绕向相反，但线端标号一致（或线圈绕向相同，但某一线圈的线端标号改变），则一、二次电势相位相反。因此，变压器的极性与线圈的绕向和线端标号有关。变压器的极性可以通过试验方法确定。测定极性有两种方法：交流试验法和直流试验法。

交流试验法如图 2.3-3 所示，用导线将端头 A 和 a 联在一起，在高压侧（A-X）加以适当数值的电压 U_1，用电压表 V_1、V_2 和 V_3 分别测出电压 U_{AX}、U_{ax} 和 U_{Aa}。假如变压器是同极性的，由于两侧电势相位相同，则 $U_{Aa}=U_{AX}-U_{ax}$，即电压表 V_3 的读数等于电压表 V_1 和 V_2 读数之差。所

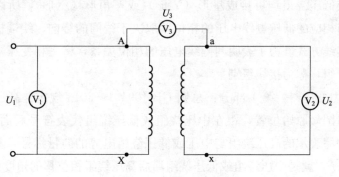

图 2.3-3　交流试验法

以同极性又称减极性。假如变压器是异极性的，由于两电势相位相反，则 $U_{Aa}=U_{AX}+U_{ax}$，所以异极性又称加极性。

用直流法测定变压器极性如图 2.3-4 所示，通常在高压线圈两端经过一个开关接入 1.5～3V 的干电池，电极的正极与端头 A 相联，在低压线圈两端接入一只直流电压表或电流表，电表正极与端头 a 相联，负极与端头 x 相联。在电源开关接通的瞬间，若电表指针向右方向（即仪表指示的正方向）偏转，在电源开关断开瞬间，电表指针向左方向偏转，则表明变压器一、二次绕组的感应电动势方向相同，即为减极性。若按上述方法试验时，电表指针偏转方向与上面相反，则变压器为加极性。

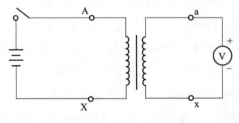

图 2.3-4　直流试验法

变压器设备的极性是变压器设备并联的依据，按极性可以组合成多种电压形式，如果极性接反，往往会出现很大的短路电流，以致烧坏变压器设备，因此，使用变压器设备时，必须注意铭牌上的标志以及接线组别。

2. 三相变压器的接线组别

对于三相变压器来说，由于它有三个高压绕组和三个低压绕组，而高压绕组或低压绕组均可接成星形（Y 形）或三角形（△形），所以高压侧线电压与相应的低压侧线电压的相位差取决于线圈的绕向、线端标号以及绕组的接线方式。为了表明两侧线电压的相位关系，将三相变压器的接线分为若干组，称为接线组别。

《电力变压器》第 1 部分：总则 GB 1094.1—2013 规定：高压绕组的电势向量图做原始位置，跟在中压绕组或低压绕组代表符号后面的数字，是以时钟序表示的高压绕组与中压或低压绕组电势的向量标号。其向量标号乘以 30°，就是中压绕组或低压绕组滞后高压绕组相位移的角度。

对于星形联结的绕组，其参与比较的电势向量取 A 或 a 到中性点的相电压；对于三角形连接的绕组，取其等值星形的 A 或 a 到中性点的相电压。

三相变压器的高、低压绕组电势向量的重心或中性点重合到一点作为时钟的轴心，高压绕组由重心或中性点到 A 相的电势作为时钟的分针，并且永远指 12 是基准位置。低压绕组由重心或中性点到 a 相的电势作为钟表的时针，它所指的时序就是联结组向量的标号。

根据三相变压器绕组首末端标志、端点标志、绕组的绕向及联结方式，可以画出电势向量图，再根据电势向量图确定其联结组标号。

例 1：已知高、低压绕组首端为 A、B、C 和 a、b、c，末端为 X、Y、Z 和 x、y、z。高压绕组为左绕向，低压绕组为左绕向。高、低压绕组连接图及端点标志见图 2.3-5。

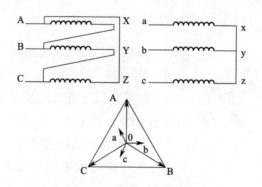

图 2.3-5　变压器接线组别电势向量图 （D，yn11）

（1）画出高压绕组向量图并标上字母。

（2）将低压绕组星形中性点与高压绕组中性点重合。

（3）画 ax 电势向量图，其与 AB 同向，大小等于 By 除以变比。

（4）画 by 电势向量图，方向与 BC 同向。

（5）画 cz 电势向量图，方向与 CA 同向。

（6）比较电势向量图 OA 与 Oa 的方向，即可确定其联接组标号 （D，yn11）。

（7）D 表示高压侧绕组为三角形 （detailed） 接线；y 表示低压侧绕组为星形接线；n 表示星形绕组的中性点直接接地；11 表示低压侧绕组的电

压相位超前高压侧绕组的电压相位30°。

例2：已知高、低压绕组首端为 A、B、C 和 a、b、c，末端为 X、Y、Z 和 x、y、z。高压绕组为左绕向，低压绕组为左绕向。高、低压绕组联接图及端点标志见图 2.3-6。

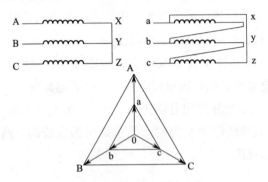

图 2.3-6　变压器接线组别电势向量图（Y，d0）

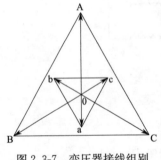

图 2.3-7　变压器接线组别
电势向量图（Y，d6）

根据例 1 的判定方法可知，本接线组别为（Y，d0）联接组。

如果高低压绕组的绕向相反，高低压绕组的首端 A 和 a 将为非同名端，此时高低压对应的相电压向量将为反相（即相差 180°），高低压对应的线电压向量亦为反相。如图 2.3-7 所示。

轻松得知本接线组别为（Y，d6）联接组。

3.5　变压器的并列运行

在现代的发电站和少数变电所中，常常采用多台变压器并列运行的方式，变压器的并列运行又称并联运行，就是两台或两台以上变压器的一次绕组并联在同一电压母线上，二次绕组并联在另一电压母线上运行。如图 2.3-8 所示，并列运行的好处是：

（1）提高供电可靠性，部分变压器故障或检修时，保证对重要用户的供电。

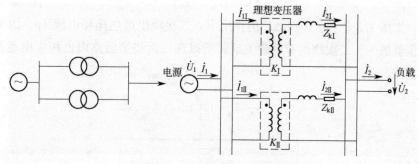

图 2.3-8　变压器并联运行示意图

（2）提高变压器效率，在重负荷或轻负荷时，增加或减少变压器的并列台数，使变压器在满载和高效率下运行。

（3）用户逐年增加时，可以分期安装，减小一次投资。

1. 理想并联运行的条件

并联运行的变压器，必须满足下列 3 个条件：

（1）空载时并联的变压器之间没有环流；

（2）负载时能够按照各台变压器的容量合理地分担负荷；

（3）负载时各变压器所分担的电流应为同相。

为达到上述理想并联运行的条件，并联运行的变压器应满足如下要求：

（1）各变压器的额定电压及电压比应当相等；

（2）各变压器的联结组号应相同；

（3）各变压器的阻抗电压 $U_d\%$ 应相等。

上述 3 个要求中，第二个要求必须严格保证，否则将有很大的电动势差作用在两台变压器二次绕组构成的闭合回路中，并引起很大的环流，把变压器的线圈烧毁。

2. 下面分别说明如不满足某一条件产生的不良后果

（1）阻抗电压相等，组别相同，但变比不等的变压器并联。

若变压器 I 的变比 k_I 大于变压器 II 的变比 k_{II}，则变压器 I 的二次电势 E_{I2} 小于变压器 II 的二次电势 E_{II2}，由于两台变压器的二次绕组并联在同一母线上，所以两个绕组构成的闭合回路中出现电势差。

$$\Delta E = E_{\text{II}2} - E_{\text{I}2} \tag{2.3-8}$$

如图 2.3-9 所示，在 ΔE 的作用下，二次绕组产生循环电流 I_P。因为变压器的一、二次绕组有电磁关系，所以在一次绕组回路内也相应出现循环电流。

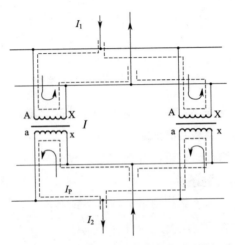

图 2.3-9　变压器并联出现循环电流

（2）变比相等，阻抗电压相等，但组别不同的变压器并联。

若一台接线为 Yy0 的变压器和一台接线为 Yd11 的变压器并联，由于两台变压器二次线电压 $U_{\text{I}x}$ 和 $U_{\text{II}x}$ 之间的相角差为 $30°$，则二次回路始终存在电压差 $\Delta E = U_{\text{I}x} - U_{\text{II}x}$，电压差的数值为 $\Delta E = 2U_x\cos15° = 0.52U_x$（式中 U_x 为二次电压有效值）。由于变压器绕组的阻抗值很小，在 ΔE 作用下，二次绕组回路产生超过额定电流许多倍的循环电流。因此组别不等的变压器不能并联。

（3）变比相等，组别相同，但阻抗电压不等的变压器并联。

如图 2.3-10 所示，变压器带负荷以后，在一次电压 U_1 和二次负载功率因数 $\cos\Phi_2$ 不变的情况下，二次电压 U_2 将随负荷电流 I_2 增大而减小，U_2 随 I_2 的变化曲线称为变压器的外特性曲线。图 2.3-10 中，阻抗电压大的变压器 I，其外特性曲线较向下倾斜（曲线 1）；阻抗电压小的变压器 II，其外特性曲线较平（曲线 2）。若两台变比相等但阻抗电压不等的变压器并联，由于两台变压器二次绕组并联在同一母线上，所以二次电压等于

U_2。从图中可以看出，在二次侧电压为 U_2 时，阻抗电压大的变压器 I 分担的电流 I_1 小，而阻抗电压小的变压器 II 分担的电流 I_2 大。相同电压等级的变压器，其阻抗电压随容量的增大而增大。阻抗电压大的变压器将少带负荷。

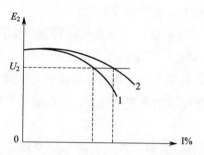

图 2.3-10　阻抗电压不等的两台变压器外特性曲线

第 4 章　变压器主要材料

4.1　铁芯材料——硅钢片

硅钢俗称矽钢片或硅钢片，是电力、电子和军事工业不可或缺的含碳极低的硅铁软磁合金，亦是产量最大的金属功能材料，它的含硅量为 0.8%～4.8%，经热、冷轧成厚度在 1mm 以下的硅钢薄板。加入硅可提高铁的电阻率和最大磁导率，降低矫顽力、铁芯损耗（铁损）和磁时效，故用作变压器的铁芯。

1. 硅钢片分类

（1）按其含硅量不同可分为低硅和高硅两种。

低硅片含硅 2.8% 以下，它具有一定的机械强度，主要用于制造电机，俗称电机硅钢片；高硅片含硅量为 2.8%～4.8%，它的磁性好，但较脆，主要用于制造变压器铁芯，俗称变压器硅钢片。

（2）按生产加工工艺可分为热轧和冷轧两种。

冷轧又可分为晶粒无取向和晶粒取向两种。冷轧片厚度均匀、表面质量好、磁性较高，因此，随着工业发展，热轧片有被冷轧片取代的趋势。

2. 冷轧硅钢片的化学成分及其性能

冷轧硅钢片的化学成分大致为 3％～5％的硅、0.06％的碳、0.15％的锰、0.03％的磷、0.25％的硫和 5.1％～8.5％的铝，其余为铁。这些元素在硅钢片中的作用为：

(1) 碳（C）会增大钢板的磁滞损耗。

(2) 硅（Si）可以减弱碳的不良作用，即减少磁滞损耗，同时又可提高磁导率和电阻率，延长长期使用带来的磁性变坏的老化作用。

(3) 硫（S）会使硅钢片产生热脆，增加磁滞损耗，降低磁感应强度。

(4) 锰（Mn）能促使钢中产生相变，对脱碳和脱硫不利，因而导致磁感的降低。

故变压器铁芯材料，应加大硅的含量，减少其他不利元素的含量。提高变压器的整体寿命及质量。

4.2 铁芯材料——非晶态合金

自然界的各种物质的微观结构可以按其组成原子的排列状态分为两大类：有序结构和无序结构。晶体是典型的有序结构，而气体、液体和非晶态固体属于无序结构。非晶态固体材料又包括非晶态无机材料（如玻璃）、非晶态聚合物和非晶态合金（又称金属玻璃）等类型。

非晶态合金（英文名：amorphous state alloy）是近 40 年出现的具有新型微观组织结构的金属功能材料，其制取工艺是将熔融的母合金以大于每秒一百万摄氏度的冷却速度快速凝固而成，其原子在凝固过程中来不及按周期排列，故形成了无序的非结晶状态，与通常情况下金属材料的原子排列呈周期性和对称性不同，因而称之为非晶态合金。非晶态合金与晶态合金相比，在物理性能、化学性能和机械性能方面都发生了显著的变化。以铁基非晶态合金为例，它具有高饱和磁感应强度和低损耗的特点。

由于上述特点形成了一个新的应用领域——非晶变压器。非晶态合金铁芯变压器是用新型导磁材料——非晶态合金制作铁芯而成的变压器，它比硅钢片铁芯变压器的空载损耗下降80％左右，空载电流下降约85％，是目前节能效果较理想的配电变压器，特别适用于农村电网和发展中地区等配变利用率较低的地方。

非晶变压器具有以下特点：

（1）超低损耗特性，节省能源，用电效率高；

（2）由于非晶态金属材料制造时使用较少能源以及其超低的损耗特性，可大幅度节省电力消耗及减少电厂发电量，因此可减少 CO_2 及 SO_2 废气的排放，减轻对环境的污染及温室效应；

（3）运转温度低、绝缘老化慢、变压器使用寿命长；

（4）高超载能力，高机械强度；

（5）具有较好的耐谐波能力。

4.3　变压器绝缘材料

4.3.1　变压器常用绝缘材料的种类及作用

绝缘材料是变压器中最重要的材料之一，其性能及质量直接影响变压器运行的可靠性和变压器的使用寿命。近年来，变压器产品所采用的新绝缘材料层出不穷。

绝缘材料又称电介质，是电阻率高、导电能力低的物质。绝缘材料可用于隔离带电或不同电位的导体，使电流按一定方向流通。在变压器产品中，绝缘材料还起着散热、冷却、支撑、固定、灭弧、改善电位梯度、防潮、防霉和保护导体等作用。

绝缘材料按耐热等级一般分为：Y(90℃)、A(105℃)、E(120℃)、B(130℃)、F(155℃)、H(180℃)、C(大于180℃)。

变压器绝缘材料的耐热等级是指绝缘材料所能承受的最高温度。如果正确地使用绝缘材料，就能保证材料 20 年的使用寿命。否则就会依据 8℃ 规律（A 级绝缘温度每升高 8℃，使用寿命降低一半，B 级绝缘是 10℃，H 级是 12℃。这一规律被称为热老化的 8℃ 规律）降低使用寿命。由高聚物组成的绝缘材料的耐热性一般比无机电介质低。绝缘材料的性能与其分子组成和分子结构密切相关。变压器绝缘材料品种很多，按其形态一般可分为气体绝缘材料、液体绝缘材料和固体绝缘材料。

变压器常用绝缘材料的种类及作用如下：

（1）绝缘油：绝缘、散热、防锈蚀作用。

（2）绝缘纸板：用作主绝缘的绝缘纸筒、撑条、垫块、相间隔板、铁轭绝缘、垫脚绝缘、支持绝缘和角环。

（3）电缆纸：导线层间绝缘，引线和线圈端部引线绝缘。

（4）胶纸制品：绕组、铁芯间的绝缘，分接开关的绝缘。

（5）绝缘木：支架和木螺钉。

（6）漆布、漆带、皱纹纸：弹性好，包扎弯曲部位和绑扎要求高的部位。

（7）电瓷制品：套管外绝缘。

（8）环氧制品：绝缘拉带和玻璃丝带，也可制成杆或圈代替金属件。

4.3.2　环氧树脂干式变压器

环氧树脂干式变压器以环氧树脂为绝缘材料。高、低压绕组采用铜带（箔）绕成，在真空中浇注环氧树脂并固化，构成高强度玻璃钢体结构。环氧树脂干式变压器有电气性能好、耐雷电冲击能力强、抗短路能力强、体积小、重量轻等特点。可安装温度显示控制器，对变压器绕组的运行温度进行显示和控制，保证变压器正常使用寿命。

1. 环氧树脂干式变压器的结构特点

（1）高、低压绕组全部采用铜带（箔）绕成；

（2）高、低压绕组全部在真空中浇注环氧树脂并固化，构成高强度玻璃钢体结构；

（3）高、低压绕组根据散热要求设置有纵向通风气道；

（4）线圈内、外表面由玻璃纤维网格布增强；

（5）绝缘等级有 F、H 级；

（6）体积小、重量轻。

2. 环氧树脂干式变压器的技术特点

（1）电气性能好，局部放电值低

在变压器绝缘结构中，多少会有些局部的绝缘弱点，它在电场的作用下会首先发生放电，但不会形成整个绝缘贯穿性击穿，它可能发生在绝缘体的表面或内部，即局部放电。然而电气绝缘的破坏或局部老化，多数是从局部放电开始的，它的危害性突出表现在绝缘寿命迅速降低，最终影响安全运行。干式变压器由于其独特的结构［高、低压绕组全部采用铜带（箔）绕成］及其先进的制造工艺水平（高、低压绕组全部在真空中浇注环氧树脂并固化），使其局部放电值低。

（2）耐雷电冲击能力强

由于高、低压绕组全部采用铜带（箔）绕成，层间电压低、电容大，箔式绕组起始电压分布接近线性，因此其抗雷电冲击能力强。

（3）抗短路能力强

由于高、低压绕组电抗高度相同，无螺旋角现象，线圈间的安匝平衡，高、低压绕组因短路引起的轴向力几乎为零，因此其抗短路能力强。

（4）抗龟裂性能好

干式变压器采用环氧树脂"薄绝缘（1～3mm）技术"，适用于低温、高温及温度变化范围大的场合，满足了长期运行后的抗开裂要求，解决了"厚绝缘（6mm）技术"难于解决的开裂问题，使干式变压器在技术上得到可靠的保障。

（5）过负载能力强

相同容量的变压器负载损耗相等时，铜箔的面积将比铜导体相应增大，体积增大后，填料树脂用量相应增多，因此绕组热容性增大，变压器短时过载能力增强。

（6）阻燃性能好

采用环氧树脂真空浇注工艺不会对环境造成污染，有利于环境保护，该变压器具有免维护、防潮、抗湿热、阻燃和自熄特性，适用于各种环境及条件恶劣的场合。

（7）损耗低、噪声低

铁芯通常采用绝缘性能好的优质冷轧硅钢片，通过先进的加工工艺，使损耗水平和空载电流降至最低，并取得非常低的噪声水平。同时在装配好的铁芯表面封涂 F 级树脂漆，以防尘、防腐、防烟雾和锈蚀。

（8）耐温等级高

环氧树脂干式变压器属于 F 级或 H 级绝缘，可长期在 155℃ 或 180℃ 高温下安全运行。在相同容量下，它的体积小、重量轻，可节约安装费用等。

（9）相关技术规范

1）容量≤10000kVA；

2）电压≤35kV；

3）绝缘等级F级或H级。

第5章 变压器主要特征参数及试验

5.1 变压器主要特征参数

1. 工作频率

变压器铁芯损耗与频率关系很大，故应根据使用频率来设计和使用，这种频率称为工作频率。

2. 额定功率

在规定的频率和电压下，变压器能长期工作，而不超过规定温升的输出功率。

3. 额定电压

指在变压器的线圈上所允许施加的电压，工作时不得大于规定值。

4. 电压比

指变压器初级电压和次级电压的比值，有空载电压比和负载电压比的区别。

5. 空载电流

变压器次级开路时，初级仍有一定的电流，这部分电流称为空载电流。空载电流由磁化电流（产生磁通）和铁损电流（由铁芯损耗引起）组成。对于50Hz电源变压器而言，空载电流基本上等于磁化电流。

6. 空载损耗

指变压器次级开路时，在初级测得的功率损耗。主要损耗是铁芯损耗，其次是空载电流在初级线圈铜阻上产生的损耗（铜损），这部分损耗很小。

7. 效率

指次级功率 P_2 与初级功率 P_1 的百分比。通常变压器的额定功率愈大，效率就愈高。

8. 绝缘电阻

表示变压器各线圈之间、各线圈与铁芯之间的绝缘性能。绝缘电阻的高低与所使用的绝缘材料的性能、温度高低和潮湿程度有关。

5.2　变压器主要试验

变压器试验分为绝缘电阻试验、绕组直流电阻试验、工频耐压试验、接触电阻测试试验等。

1. 绝缘电阻试验

绝缘电阻试验采用 2500V 摇表对变压器高压绕组对低压侧、高压绕组对地侧、低压绕组对地侧绝缘电阻值进行测定，以不小于 300MΩ 为绝缘合格。

2. 绕组直流电阻试验

绕组直流电阻试验为测试高压绕组相间电阻值，高压侧三相互差小于 2%、低压侧对地电阻值互差小于 4% 为合格（适合于 2000kVA 以下配电变压器，大于时取 2% 为合格）。

3. 工频耐压试验

工频交流耐压试验以（出厂）交接试验耐压 35kV、预防性试验耐压 30kV 变压器无击穿、无异响（正常声音为持续"嗡嗡"声）、无闪络为合格。

第6章　箱式变电站

6.1　定义

箱式变电站目前主要包括预装式变电站、组合式变压器、地埋式变压器三大类产品。

1. 预装式变电站

预装式变电站（简称"欧式箱变"）是由高压开关设备、配电变压器、低压开关设备、电能计量设备、无功补偿设备、辅助设备和联结件等元件组成的成套配电设备，这些元件被预先组装在一个或几个箱壳内，用来从高压系统向低压系统输送电能。

2. 组合式变压器

组合式变压器（简称"美式箱变"）是将变压器器身、高压负荷开关、熔断器及高低压连线置于一个共同的封闭油箱内，同时还具有齐全的运行监视仪表（压力计、压力释放阀、油位计、油温表等）。美式箱变结构包括油箱、变压器器身、小室、标准部件。

3. 地埋式变压器

地埋式变压器（简称"地埋变"）是一种新概念的配电变压器，它是真正意义上的"地下配电设备"，完全安装在地面以下。它一般安装在地沟的检修孔或小型地窖中。

地埋式变压器分为组合式和非组合式两种。

6.2 箱式变电站的历史、现状及发展

欧洲从 20 世纪 60 年代起即生产 24～35kV 预装式变电站，用来取代土建的变电站。它具有体积小、占地面积小、价格低、供电快以及实用、美观、经济、维护少等优点，在欧洲占有广泛的市场。在美洲，由于供用电制的特点，因此生产 10kV 组合式变压器用于普通配电，它具有简单可靠的高压保护，优点是体积小、价位低，在北美地区应用普遍。

1. 欧式箱变的引进

纵观世界各国，欧式箱变在 20 世纪 60 年代后有很大发展，目前欧州各国使用相当普遍，我国自 20 世纪 80 年代出现该产品，近十年得到很大发展。

国内欧式箱变在 20 世纪 80 年代由江苏、浙江一些厂家首先生产，随着用户对产品成套化、小型化、移动安装方便的要求，该产品迅速发展起来，到 20 世纪 90 年代中期逐步形成全国遍地生产欧式箱变的局面。

2. 美式箱变的引进

20 世纪 90 年代，美式箱变开始引入我国。由于我国与美国电力系统存在差异，用户的习惯亦有差异，因此国内企业结合我国国情对美式箱变进行了改进，主要体现在以下方面：在功能上，由于原装美式箱变没有低压开关，而我国运行的箱变低压一般集中控制，需要配备保护开关，而且一部分带电容补偿，因此，国内的美式箱变增加了低压配电装置；在缺相

保护上，由于我国与美国在 10kV 系统的接地方式上存在差异，原装美式箱变内高压熔断器一旦动作，将出现缺相运行，针对该问题，国内公司特别开发出了专用的缺相保护装置，解决了美式箱变缺相运行的问题；在结构上，原装美式箱变都是共箱式结构，即变压器器身与负荷开关共用一个油箱的绝缘油，在国内，美式箱变发展为共箱式和分箱式两种，但主流产品仍为共箱式。

由于美式箱变具有体积小、价格低等显著优势，因此在国内得到了迅速地推广，目前国产的美式箱变基本上已取代了进口产品。

3. 箱变在我国具有很大发展空间的原因

在我国城网建设改造中，组变产品得到普遍使用，因为其价格低、体积小，既减少了工程投资和占地面积，又缩短了工期和维护费用，而且根据客户要求在制造厂便配置安装好了各种电器设备，大大减少了用户现场的工作量。此外，供电方式灵活、安全可靠性高、外形美观等众多显著优点使得组变产品目前正迅速取代传统的土建式变电站，成为电力用户喜爱的产品。

4. 箱变产品的发展趋势

随着国内经济的高速发展和城网改造的大规模进行，拥有众多显著优点的组变产品将会得到更广的应用和更大的发展。产品今后发展趋势将主要体现在高可靠性、智能化、小型紧凑化、少维护方面。

高可靠性：可靠性对电力产品来说，其重要性不言而喻，对客户来讲，也往往居于首位。

智能化：随着电力系统的自动化，"四遥"、"五遥"的应用将渐渐广泛，智能化不仅将人大大的解放出来，而且对产品的可靠性将带来巨大的帮助。

小型紧凑化：为提高供电可靠性，传统的集中控制将向分散控制方向发展，这对组变小型化带来了更多的可能。此外，寸土寸金的城市地皮价格，也迫使组变向小型紧凑化方向发展。

少维护：从目前的组变产品来看，还难以真正做到免维护，但尽可能地少维护是完全有可能的。

第3篇 制造标准摘录①

第1章 《电力变压器 第1部分:总则》 GB 1094.1—2013部分原文摘录

3 术语和定义

GB/T 2900.15界定的以及下列术语和定义适用于本文件。为了便于使用,以下重复列出了GB/T 2900.15中的某些术语和定义,且对个别术语和定义进行了修改。

3.1 一般术语
3.1.1

电力变压器 power transformer

具有两个或两个以上绕组的静止设备,为了传输电能,在同一频率下,通过电磁感应将一个系统的交流电压和电流转换为另一个系统的交流电压和电流,通常这些电流和电压的值是不同的。

注:改写GB/T 2900.15—1997,定义3.1.1。

3.1.2

自耦变压器 auto-transformer

至少有两个绕组具有公共部分的变压器。

[GB/T 2900.15—1997,定义3.1.15]

注:如果需要表示变压器不是自耦联结时,可用术语如:独立绕组变压器或双绕组变压器表示。

3.1.3

串联变压器 series transformer

具有一个与线路串联以改变线路电压值和(或)相位的串联绕组及一

个励磁绕组的变压器，它不同于自耦变压器。

　　注 1：改写 GB/T 2900.15—1997，定义 3.1.8。

　　注 2：在本部分的以前版本中，串联变压器被称作增压变压器。

3.1.4

液浸式变压器　liquid-immersed type transformer

铁芯和绕组都浸入液体中的变压器。

［GB/T 2900.15—1997，定义 3.1.4］

3.1.5

干式变压器　dry-type transformer

铁芯和绕组都不浸入绝缘液体中的变压器。

［GB/T 2900.15—1997，定义 3.1.5］

3.1.6

液体保护系统　liquid preservation system

在液浸式变压器中，为适应液体的热膨胀而设置的保护系统。

　　注：有的可以减少或防止液体与外部空气接触。

3.1.7

规定值　specified value

采购方订货时规定的值。

3.1.8

设计值　design value

根据匝数比设计得到的绕组匝数或计算得到的阻抗、空载电流或其他参数的期望值。

3.1.9

适用于变压器绕组的设备最高电压 U_m　highest voltage for equipment applicable to a transformer winding

三相系统中相间最高电压的方均根值。

［GB 1094.3—2003，定义 3.1］

3.2　端子和中性点

3.2.1

端子　terminal

用于将绕组与外部导线相连接的导电部件。

3.2.2

线路端子 line terminal

接到电网线路导体用的接线端子。

[GB/T 2900.15—1997，定义 5.5.1]

3.2.3

中性点端子 neutral terminal

中性点端子包括：

a）对于三相变压器或由单相变压器组成的三相组，指连接星形联结或曲折形联结公共点（中性点）的端子；

b）对于单相变压器，指连接网络中性点的端子。

注：改写 GB/T 2900.15—1997，定义 5.5.2。

3.2.4

中性点 neutral point

对称电压系统中，通常处于零电位的一点。

3.2.5

对应端子 corresponding terminal

变压器不同绕组标注相同字母或符号的各端子。

[GB/T 2900.15—1997，定义 2.1.28]

3.3 绕组

3.3.1

绕组 winding

构成与变压器标注的某一电压值相对应的电气线路的一组线匝。

注1：改写 GB/T 2900.15—1997，定义 4.3.1。

注2：对于三相变压器，指三个相绕组的组合（见 3.3.3）。

3.3.2

分接绕组 tapped winding

有效匝数可以逐级改变的绕组。

3.3.3

相绕组 phase winding

构成三相绕组的一个相的线匝组合。

注1：改写 GB/T 2900.15—1997，定义 4.3.16。

注2："相绕组"一词不应与某一芯柱上所有线圈的组装体混同。

3.3.4

高压绕组^① **high-voltage winding; HV winding**

具有最高额定电压值的绕组。

［GB/T 2900.15—1997，定义4.3.2］

3.3.5

低压绕组^① **low-voltage winding; LV winding**

具有最低额定电压值的绕组。

［GB/T 2900.15—1997，定义4.3.3］

注：对于串联变压器，较低额定电压的绕组可能具有较高的绝缘水平。

3.3.6

中压绕组^① **intermediate-voltage winding**

多绕组变压器中的一个绕组，其额定电压介于高压绕组额定电压和低压绕组额定电压之间。

［GB/T 2900.15—1997，定义4.3.4］

3.3.7

辅助绕组 auxiliary winding

只承担比变压器额定容量小得多的负载的绕组。

［GB/T 2900.15—1997，定义4.3.11］

3.3.8

稳定绕组 stabilizing winding

在星形-星形联结或星形-曲折形联结的变压器中，用来减小零序阻抗的三角形联结的辅助绕组，见3.7.3。

注1：改写GB/T 2900.15—1997，定义4.3.12。

注2：此绕组只有在不与外部做三相连接时，才称为稳定绕组。

3.3.9

公共绕组 common winding

自耦变压器绕组的公共部分。

---

① 运行中从电源接收有功功率的绕组被称为"一次绕组"，将有功功率传递给负载的绕组被称为"二次绕组"。这些术语不能说明哪个绕组的额定电压高，并且除了需要指明有功功率流动方向外不宜使用这些术语。额定容量通常小于二次绕组的变压器的其他绕组，通常被称为"第三绕组"，见3.3.8。

[GB/T 2900.15—1997，定义 4.3.13]

3.3.10

串联绕组　series winding

自耦变压器或串联变压器中，拟串接到电路中的那部分绕组。

注：改写 GB/T 2900.15—1997，定义 4.3.14。

3.3.11

励磁绕组　energizing winding

向串联绕组（串联变压器）或相关绕组提供电能的绕组。

注：改写 GB/T 2900.15—1997，定义 4.3.15。

3.3.12

自耦联结绕组　auto-connected windings

自耦变压器中的串联绕组和公共绕组。

3.4　额定值

3.4.1

额定值　rating

对某些参数指定的值，用于限定变压器在本部分规定条件下的运行，并作为试验的基准和制造方的保证值。

3.4.2

额定参数　rated quantities

其数值用于确定额定值的某些参数（电流、电压等）。

注1：对于有分接的变压器，如无另行规定，则额定参数均指主分接（见 3.5.2）。
　　　与其他具体分接有类似意义的相应参数叫分接参数（见 3.5.9）。

注2：如无另行规定，电压和电流用其方均根值表示。

3.4.3

绕组的额定电压 U_r　rated voltage of a winding

在处于主分接（见 3.5.2）的带分接绕组的端子间或不带分接绕组的端子间，指定施加的电压或空载时感应出的电压。对于三相绕组，是指线路端子间的电压。

注1：改写 GB/T 2900.15—1997，定义 2.1.4。

注2：当施加在一个绕组上的电压为额定值时，在空载情况下，所有绕组同时出现

各自的额定电压值。

注3：对于拟联结成星形三相组的单相变压器或接到线路与中性点之间的单相变压器，用相-相电压除以$\sqrt{3}$来表示额定电压。如：

$$500\sqrt{3} \text{ kV}$$

注4：对于要接到网络相间的单相变压器，用相-相电压表示额定电压。

注5：对于三相串联变压器的串联绕组，如果绕组设计为开路绕组（见3.10.5），则按照绕组结成星结来给出额定电压。

3.4.4

额定电压比　rated voltage ratio

一个绕组的额定电压与另一个具有较低或相等额定电压绕组的额定电压之比。

注：改写 GB/T 2900.15—1997，定义 2.1.5。

3.4.5

额定频率 f_r　rated frequency

变压器设计所依据的运行频率。

注：改写 GB/T 2900.15—1997，定义 2.1.6。

3.4.6

额定容量 S_r　rated power

某一个绕组的视在功率的指定值，与该绕组的额定电压一起决定其额定电流。

注：双绕组变压器的两个绕组具有相同的额定容量，即这台变压器的额定容量。

3.4.7

额定电流 I_r　rated current

由变压器额定容量（S_r）和额定电压（U_r）推导出的流经绕组线路端子的电流。

注1：改写 GB/T 2900.15—1997，定义 2.1.7。

注2：对于三相变压器绕组，其额定电流表示为：

$$I_r = \frac{S_r}{\sqrt{3} \times U_r}$$

注3：对于联结成三角形结法以形成三相组的单相变压器，绕组，其额定电流表示为线电流除以$\sqrt{3}$：

$$I_r = \frac{I_{line}}{\sqrt{3}}$$

注4: 对于不联结成三相组的单相变压器，其额定电流为：

$$I_r = \frac{S_r}{U_r}$$

注5: 变压器开口绕组的额定电流为额定容量除以相数与开口绕组额定电压的积：

$$I_r = \frac{S_r}{n \times U_r}$$

式中 n——相数。

3.5 分接

3.5.1

分接 tapping

在带分接绕组的变压器中，该绕组的每一个分接连接均表示该分接的绕组有一确定的有效匝数，也表示该分接绕组与任何其他匝数不变的绕组间有一确定的匝数比。

注: 在所有分接中，有一个是主分接，其他分接用各自相对主分接的分接因数来表示其与主分接的关系。见以下定义。

3.5.2

主分接 principal tapping

与额定参数相对应的分接。

[GB/T 2900.15—1997，定义 2.1.12]

3.5.3

分接因数（与指定的分接相对应的） tapping factor（corresponding to a given tapping）

U_d/U_r（分接因数）或 $100U_d/U_r$（用百分数表示分接因数）。

式中 U_r——该绕组的额定电压（见 3.4.3）；

U_d——在不带分接绕组情况下施加额定电压时，处于指定分接位置的绕组端子间在空载下所感应出的电压。

注1: 对于串联变压器，分接因数是指对应于指定分接的串绕组的电压与 U_r 的比值。

注2: 改写 GB/T 2900.15—1997，定义 2.1.13。

3.5.4

正分接　plus tapping

分接因数大于 1 的分接。

[GB/T 2900.15—1997，定义 2.1.14]

3.5.5

负分接　minus tapping

分接因数小于 1 的分接。

[GB/T 2900.15—1997，定义 2.1.15]

3.5.6

分接级　tapping step

两相邻分接间以百分数表示的分接因数之差。

[GB/T 2900.15—1997，定义 2.1.16]

3.5.7

分接范围　tapping range

用百分数表示的分接因数与 100 相比的变化范围。

注：如果分接因数百分值变化范围是从 $100+a$ 变到 $100-b$，则此分接范围为：$+a\%$、$-b\%$；当 $a=b$ 时，为 $\pm a\%$。

[GB/T 2900.15—1997，定义 2.1.17]

3.5.8

分接电压比（一对绕组的）　tapping voltage ratio（of a pair of windings）

当带分接绕组是高压绕组时，其分接电压比等于额定电压比乘以该绕组的分接因数。

当带分接绕组是低压绕组时，其分接电压比等于额定电压比除以该绕组的分接因数。

[GB/T 2900.15—1997，定义 2.1.18]

注：按定义，虽然额定电压比不小于 1，但当额定电压比接近于 1 时，某些分接的分接电压比有可能小于 1。

3.5.9

分接参数　tapping quantities

表示某一分接（除主分接以外）的分接工作能力的参数。

注1：变压器内任何一个绕组（不只是带分接的绕组）都有分接参数（见6.2和6.3）。其分接参数是：

——分接电压（与额定电压类似，见3.4.3）；

——分接容量（与额定容量类似，见3.4.6）；

——分接电流（与额定电流类似，见3.4.7）。

注2：改写GB/T 2900.15—1997，定义2.1.20。

3.5.10

满容量分接　　full-power tapping

分接容量等于额定容量的分接。

[GB/T 2900.15—1997，定义2.1.24]

3.5.11

降低容量分接　　reduced-power tapping

分接容量低于额定容量的分接。

[GB/T 2900.15—1997，定义2.1.25]

3.5.12

有载分接开关　　on-load tap-changer；OLTC

适合于在变压器励磁或负载下进行操作的用来改变变压器绕组分接连接位置的一种装置。

[GB/T 2900.15—1997，定义5.6.1]

3.5.13

无励磁分接开关　　de-energized tap-changer；DETC

适合于只在变压器无励磁（与系统隔离）时进行操作的用来改变变压器绕组分接连接位置的一种装置。

注：改写GB/T 2900.15—1997，定义5.6.2。

3.5.14

最大许可分接运行电压　　maximum allowable tapping service voltage

在额定频率和相应的分接容量下，在任何特定分接位置变压器能够连续耐受而无损害的电压设计值。

注1：该电压受U_m的限制。

注2：正常情况下，该电压被限定到额定分接电压的105%，但若用户在关于分接（见6.4）的技术要求中有明确要求或根据6.4.2的结果，则更高的电压是

允许的。

3.6　损耗和空载电流

损耗及空载电流值均是指主分接上的（但另指定其他分接时除外）。

3.6.1

空载损耗　no-load loss

当额定频率下的额定电压（分接电压）施加到一个绕组的端子上，其他绕组开路时所吸取的有功功率。

注：改写 GB/T 2900.15—1997，定义 2.1.33。

3.6.2

空载电流　no-load current

当额定频率下的额定电压（分接电压）施加到一个绕组的端子上，其他绕组开路时流经该绕组线路端子的电流方均根值。

注1：对于三相变压器，是流经三相端子电流的算术平均值。

注2：通常用占该绕组额定电流的百分数来表示。对于多绕组变压器，是以具有最大额定容量的那个绕组为基准的。

注3：改写 GB/T 2900.15—1997，定义 2.1.34。

3.6.3

负载损耗　load loss

在一对绕组中，当额定电流（分接电流）流经一个绕组的线路端子，且另一绕组短路时在额定频率及参考温度下（见 11.1）所吸取的有功功率。此时，其他绕组（如果有）应开路。

注1：对于双绕组变压器，只有一对绕组组合和一个负载损耗值。

对于多绕组变压器，具有与多对绕组组合相应的多个负载损耗值（见 GB/T 13499—2002 的第 7 章）。整台变压器的总负载损耗值与某一指定的绕组负载组合相对应。通常它不能在试验中直接测出。

注2：当绕组组合对中两个绕组的额定容量不同时，其负载损耗以额定容量小的那个绕组中的额定电流为基准，而且应指出参考容量。

注3：改写 GB/T 2900.15—1997，定义 2.1.31。

3.6.4

总损耗　total losses

空载损耗与负载损耗之和。

注1：辅助装置的损耗不包括在总损耗中，并应单独说明。

注2：改写 GB/T 2900.15—1997，定义 2.1.30。

3.7 短路阻抗和电压降

3.7.1

一对绕组的短路阻抗 short-circuit impedance of a pair of windings

在额定频率及参考温度下，一对绕组中某一绕组端子之间的等效串联阻抗 $Z=R+jX$（Ω）。确定此值时，另一绕组的端子短路，而其他绕组（如果有）开路。对于三相变压器，表示为每相的阻抗（等值星形联结）。

注1：对于带分接绕组的变压器，短路阻抗是指指定分接的。如无另行规定，则是指主分接的。

注2：此参数可用无量纲的相对值来表示，即表示为该对绕组中同一绕组的参考阻抗 Z_{ref} 的分数值 z。用百分数表示：

$$z=100\times\frac{Z}{Z_{ref}}$$

式中：

$$Z_{ref}=\frac{U^2}{S_r}$$

公式对三相和单相变压器都适用。

式中 U——Z 和 Z_{ref} 所属绕组的电压（额定电压或分接电压）；

S_r——额定容量基准值。

此相对值也等于短路试验中为产生相应额定电流（或分接电流）时所施加的电压与额定电压（或分接电压）之比。此电压称为该对绕组的短路电压（见 GB/T 2900.15—1997 中的 2.1.37）。通常用百分数表示。

注3：改写 GB/T 2900.15—1997，定义 2.1.37。

3.7.2

规定负载条件下的电压降或电压升 voltage drop or rise for a specified load condition

绕组的空载电压与同一绕组在规定负载及规定功率因数时，在其端子上产生的电压之间的算术差，此时，另一绕组施加的电压等于：

——额定电压，此时变压器接到主分接（绕组的空载电压等于额定电压）；

——分接电压，此时变压器接到其他分接。

此差值通常表示为该绕组空载电压的百分数。

注：对于多绕组变压器，此电压降或电压升不仅与该绕组的负载和功率因数有关，也与其他绕组的负载和功率因数有关（见 GB/T 13499）。

[GB/T 2900.15—1997，定义 2.1.40]

3.7.3

零序阻抗（三相绕组的） zero-sequence impedance（of a three-phase winding）

额定频率下，三相星形或曲折形联结绕组中，连接在一起的线路端子与其中性点端子间的以每相欧姆数表示的阻抗。

注1：由于零序阻抗还取决于其他绕组的连接方法和负载，因而零序阻抗可以有几个值。

注2：零序阻抗可随电流和温度变化，特别是在没有任何三角形联结绕组的变压器中。

注3：零序阻抗也可用与（正序）短路阻抗同样的方法表示为相对值（见 3.7.1）。

注4：改写 GB/T 2900.15—1997，定义 2.1.41。

3.8

温升 temperature rise

所考虑部位的温度与外部冷却介质的温度之差（见 GB 1094.2）。

注：改写 GB/T 2900.15—1997，定义 2.1.46。

3.9 绝缘

变压器绝缘的有关术语和定义，按 GB 1094.3 规定。

3.10 联结

3.10.1

星形联结 star connection

三相变压器的每个相绕组的一端或组成三相组的单相变压器的三个具有相同额定电压绕组的一端连接到一个公共点（中性点），而另一端连接到相应的线路端子。

注1：改写 GB/T 2900.15—1997，定义 4.4.1。

注2：星形联结有时叫做 Y 联结或星结。

3.10.2

三角形联结　delta connection

三相变压器的三个相绕组或组成三相组的单相变压器的三个具有相同额定电压的绕组相互串联接成一个闭合回路。

注1：改写 GB/T 2900.15—1997，定义 4.4.2。

注2：三角形联结有时叫做 D 联结或角结。

3.10.3

开口三角形联结　open-delta connection

三相变压器的三个相绕组或组成三相组的单相变压器的三个具有相同额定电压的绕组相互串联连接，但三角形的一个角不闭合。

[GB/T 2900.15—1997，定义 4.4.4]

3.10.4

曲折形联结　zigzag connection

三相变压器的每个相绕组包括两部分，第一部分联结成星结，第二部分串联在第一部分与线路端子间。两部分如下布置，每相的第二部分绕在与第一部分不同的芯柱上，并接到第一部分上。

注1：见附录C，附录C中两部分绕组的电压相同。

注2：曲折形联结有时叫做 Z 联结。

3.10.5

开路绕组　open windings

不在三相变压器内部相互联结的相绕组。

注：改写 GB/T 2900.15—1997，定义 4.4.5。

3.10.6

相位移（三相绕组）　phase displacement（of a therr-phase windling）

当正序电压施加于按字母顺序或数字顺序标志的高压端子时，低压（中压）绕组和高压绕组中性点（真实的或假设的）与相应线路端子间电压相量的角度差。这些相量均假定按逆时针旋转。

注1：改写 GB/T 2900.15—1997，定义 2.1.27。

注2：见第 7 章和附录C。

注3：以高压绕组相量为基准，任何其他绕组的相位移均用钟时序数表示。即当高压绕组向量位于"12"时，其他绕组向量用钟时序数表示（钟时序数越大，

表示相位越滞后）。

3.10.7

联结组标号　connection symbol

用一组字母和钟时序数指示高压、中压（如果有）及低压绕组的联结方式，是表示中压、低压绕组对高压绕组相位移关系的通用标识。

注：改写 GB/T 2900.15—1997，定义 2.1.26。

3.11　试验分类

3.11.1

例行试验　routine test

每台变压器都要承受的试验。

3.11.2

型式试验　type test

在一台有代表性的变压器上所进行的试验，以证明被代表的变压器也符合规定要求（但例行试验除外）。如果变压器生产所用图样相同、工艺相同、原材料相同，在同一制造厂生产，则认为其中一台可以代表。

注1：与特定型式试验明确不相关的设计差异，不应要求重新进行该型式试验。

注2：如果设计差异引起特定型式试验的数值和应力降低，且制造方和用户双方同意，则这个差异不要求重新进行型式试验。

注3：对于 20MVA 以下，且 $U_\mathrm{m} \leqslant 72.5\mathrm{kV}$ 的变压器，若能证明符合型式试验要求，则可以允许有较大的设计差异。

3.11.3

特殊试验　special test

除型式试验和例行试验外，按制造方与用户协议所进行的试验。

注：所有特殊试验可以按照用户在询价和订货时的规定，在一台或特定设计的所有变压器上进行。

3.12　与冷却有关的气象数据

3.12.1

冷却介质最高温度（任何时刻的）　temperature of cooling medium (at any time)

通过多年测量得到的冷却介质的最高温度。

3.12.2

月平均温度 monthly average temperature

某一月份中，日最高温度的平均数与日最低温度的平均数之和的一半的多年统计值。

3.12.3

年平均温度 yearly average temperature

全年中，各月平均温度之和的 1/12。

3.13 其他术语

3.13.1

负载电流 load current

运行条件下，任意绕组中电流的方均根值。

3.13.2

总谐波含量 total harmonic content

所有谐波的方均根值与基波方均根值 (E_1、I_1) 之比。

电压总谐波含量：

$$\frac{\sqrt{\sum_{i=2}^{i=n} E_i^2}}{E_1}$$

电流总谐波含量：

$$\frac{\sqrt{\sum_{i=2}^{i=n} I_i^2}}{I_1}$$

式中 E_i——第 i 次谐波的电压方均根值；

I_i——第 i 次谐波的电流方均根值。

3.13.3

偶次谐波含量 even harmonic content

所有偶次谐波方均根值与基波方均根值 (E_1、I_1) 之比。

电压偶次谐波含量：

$$\frac{\sqrt{\sum_{i=1}^{i=n} E_{2i}^2}}{E_1}$$

电流偶次谐波含量：

$$\frac{\sqrt{\sum\limits_{i=1}^{i=n} I_{2i}^{2}}}{I_1}$$

式中　E_{2i}——第 $2i$ 次谐波的电压方均根值；

　　　I_{2i}——第 $2i$ 次谐波的电流方均根值。

4.2　正常使用条件

本部分给出的变压器的详细要求，是用于下列使用条件的：

a）海拔

海拔不超过 1000m。

b）冷却介质温度

冷却设备入口处的冷却空气温度不超过：

任何时刻：40℃；

最热月平均：30℃；

年平均：20℃。

并且不低于：

户外变压器：－25℃；

变压器和冷却器都拟用于户内的变压器：－5℃。

月平均温度和年平均温度的规定见 3.12。

用户可以规定较高的最低冷却介质温度，在此情况下，最低的冷却介质温度应在铭牌上示出。

注1： 上述规定是允许采用替代绝缘液体，即：当最低环境温度不能满足－25℃时，允许使用替代绝缘液体。

对于水冷变压器，入口处冷却水温度不应超过：

任何时刻：25℃；

年平均：20℃。

任何时刻和年平均温度的规定见 3.12。

对于冷却方面的进一步的规定：

——液浸式变压器见 GB 1094.2；

——干式变压器见 GB 1094.11。

注2：对于既有空气/水又有水/液体热交换器的变压器，冷却介质温度是指外部空气温度，而不是指内部回路中的水温，该水温可能超过正常值。

注3：冷却介质温度是冷却设备入口处的温度，而不是外部空气温度，这意味着用户在安装时应关注空气是否具有从冷却设备外部产生再循环的条件，在评估冷却空气温度时需要将其考虑进去。

c) 电源电压波形

电源电压波形应为正弦波，总谐波含量不超过5%，偶次谐波含量不超过1%。

d) 负载电流谐波含量

负载电流总谐波含量不超过额定电流的5%。

注4：总谐波含量超过负载额定电流5%的变压器，或按照GB/T 18494系列标准，拟向电力电子或整流器负载供电的变压器，均应进行说明。

注5：变压器可以在电流谐波含量不超过额定电流5%的情况下运行而不会有过多寿命损失，然而需要注意的是任何谐波负载下的温升可能会增加并超过额定温升。

e) 三相电源电压的对称

对于三相变压器，一组三相电源电压应近似对称。近似对称意味着连续的最高相间电压比最低相间电压不应高1%，或在异常的短期（近似30min）情况下，不应高2%。

f) 安装环境

变压器套管或变压器外部绝缘不需要特殊考虑环境的污秽等级（见GB/T 4109和GB/T 26218.1）。安装环境不应有需要特殊考虑的地震干扰（这里认为地表加速度水平方向低于$3ms^{-2}$；垂直方向低于$1.5ms^{-2}$），见GB/T 2424.25。

若变压器安装于距离冷却设备较远的由用户提供的封闭环境中，如：隔音室，则变压器周围空气温度在任何时候均不应超过40℃。

下列定义中的环境条件见GB/T 4798.4：

——气候条件4K2，但最低外部冷却介质温度为-25℃；

——特殊气候条件4Z2、4Z4、4Z7；

——生物学条件4B1；

——化学活性物质 4C2；

——机械活性物质 4S3；

——机械条件 4M4。

对于户内安装的变压器，上述环境条件中可能某些不适用。

5.2　冷却方式

用户应指明冷却介质（空气或水）。

如果用户对冷却方法或冷却设备有特殊要求，则应在询价时提出。

其他信息见 GB 1094.2。

5.4　额定电压和额定频率

5.4.1　额定电压

额定电压既可以由用户规定，或特殊使用情况下，也可以由用户在询价阶段向制造方提供充分的资料以确定额定电压。

变压器的每个绕组均应规定额定电压，并标志在铭牌上。

5.4.2　额定频率

额定频率由用户规定，作为系统正常非干扰频率。

额定频率是诸如损耗、阻抗及声级等保证值的基础。

5.4.3　在高于额定电压和（或）频率不稳的情况下运行

在负载状况（负载容量、功率因数以及相应的线间运行电压）下，确定额定电压和分接范围的方法按 GB/T 13499 进行。

在设备最高电压（U_m）规定值内，当电压与频率之比超过额定电压与额定频率之比，但不超过 5% 的"过励磁"时，变压器应能在额定容量下连续运行而不损坏，用户另行规定除外。

空载时，变压器应能在电压与频率之比为 110% 的额定电压与额定频率之比下连续运行。

在电流为额定电流的 K 倍（$0 \leqslant K \leqslant 1$）时，过励磁应按下列公式加以限制：

$$\frac{U}{U_r} \times \frac{f_r}{f} \times 100 \leqslant 110 - 5K\,(\%)$$

如果变压器将要运行在电压与频率之比值超过上述范围时，则用户应在询价时说明。

5.6 设备最高电压 U_m 和绝缘试验水平

如果用户无另行规定则线路端子的 U_m 值应取等于或略大于每个绕组的额定电压。

对于设备最高电压高于 72.5kV 的变压器绕组，用户应规定这个绕组的中性点端子在运行中是否直接接地或不接地，如果不接地，则中性点端子的 U_m 应由用户规定。

如果用户无另行规定，则绝缘试验水平应取 GB 1094.3 中 U_m 对应的最低值。

5.7.3 声级

如果用户对变压器的最大保证声级有特殊要求，则需要在询价时提出并优先选择用声功率级表示。

如果无另行规定，则应认为声级是空载声级水平，此时，所有在额定功率下运行时需要的冷却设备应投入运行。如果有多种冷却方式（见 5.1.3），则每种冷却方式下的声级可由用户规定，并由制造方保证且通过试验测定。

运行中的声级水平受负载电流的影响（见 GB/T 1094.10）。若用户要求做负载电流声级水平测定试验，或需要变压器总声级水平（包括负载声级），则应在询价阶段说明。

声级测定按照 GB/T 1094.10 进行，结果不应超过保证的最大声级水平。保证的最大声级水平是一个限值，没有偏差。

5.7.4 运输

5.7.4.1 运输限制

如果对运输外限尺寸或质量有限制，则应在询价时提出。

如果在运输中还有其他特殊要求，则均应在询价时提出。可能包括对所带绝缘液体运输的限制或运输中碰到的与运行时不同的环境条件的限制。

5.7.4.2 运输中的加速度

变压器应设计、制造成能在各个方向承受至少 $3g$ 连续加速度而无损坏，可采用基于连续加速度的静态力计算来证明。

如果制造方不负责运输，且运输中的加速度可能超过 $3g$，则询价时应对加速度和发生的频度进行规定。如果用户规定了更高的加速度，则制造方应用计算来证明符合要求。

如果变压器拟用作移动变压器，则应在询价时说明。

注：大型变压器运输时通常采用冲击记录仪。

6.5　短路阻抗

对于分接范围不超过主分接电压±5%的变压器，一对绕组的短路阻抗是按主分接规定的。可以用每相阻抗 Z 的欧姆数或 Z 相对于变压器额定容量及额定电压下的阻抗的百分数 z 表示（见 3.7.1）。阻抗可以用下述两种方法之一来表示：

对于分接范围超过主分接电压±5%的变压器，应规定用 Z 或 z 表示的主分接及超过±5%的极限分接的值。对于此类变压器，这些阻抗值应在短路阻抗和负载损耗试验时（见 11.4）测量，并符合第 10 章的偏差要求。如果阻抗表示为百分数 z 的形式，则应是相对于变压器的额定分接电压（所在分接的）及额定容量（在主分接）下的值。

注1：用户选择阻抗值时，会遇到彼此相矛盾的要求：电压降的限制与系统故障时的过电流限制。损耗的最佳经济设计又要求短路阻抗在一定的范围内。若与现有变压器并联运行，则还需考虑匹配阻抗参数（见 GB/T 13499）。

注2：若询价中不仅对主分接的短路阻抗值进行规定，还包括在分接范围内的短路阻抗变化，则这对变压器设计会有重大限制（各绕组之间的相互位置及其几何尺寸）。变压器规范及设计需要考虑分接间大的阻抗变化会降低或增加分接的影响。

也可规定整个分接范围内每个分接的 z 或 Z 的最大或最小阻抗值，可用图或表的形式规定（参见附录 F）。两个限值之间，应有足够的差值，至少允许它们的中间值加上第 10 章规定的正、负偏差。测量值不应落在边界之外，边界是限值，没有偏差。

注3：规定的最大、最小阻抗应允许有偏差，偏差见第 10 章。但如果有必要，经制造方与用户协商同意，也可给出更小的偏差。

注4：以变压器额定分接电压和主分接额定容量为阻抗的基础，意味着每个分接的每相阻抗欧姆数 Z 和百分数阻抗 z 是不同的，并且还取决于以哪个绕组的电压变化为基准。因而需要特别注意，以保证规定的阻抗是正确的。这对规定分接容量与主分接容量不同的变压器尤为重要。

6.6　负载损耗和温升

负载损耗和温升应符合以下规定：

a）对于分接范围不超过±5％，且额定容量不超过 2500kVA 的变压器，负载损耗和温升的保证值仅是指主分接的，温升试验在主分接上进行。

b）对于分接范围超过±5％或额定容量大于 2500kVA 的变压器，除非用户在询价阶段另行规定，负载损耗的保证值应是主分接的。如果用户有规定，则要指明除主分接外的哪个分接上的负载损耗应由制造方保证。负载损耗是以对应的分接电流为基准的。在适当的分接容量、分接电压和分接电流下，温升限值对所有分接都应适用。

温升试验作为型式试验时，如无另行规定，则应仅在一个分接上进行。如无另行规定，则应选"最大电流分接"（通常是具有最大的负载损耗分接）。确定绝缘液体温升试验的容量应是选定分接的总损耗，该分接的分接电流是确定绕组对绝缘液体温升的参考。有关液浸式变压器温升试验的规定见 GB 10914.2。

温升试验的目的，是验证变压器冷却系统能否将任意分接的最大总损耗所产生的热量散发出去，且在所有分接下，任何绕组对外部冷却介质的温升均应不超过温升限值的规定。

注1： 对于自耦变压器，串联绕组和公共绕组上的最大电流通常在两个不同的分接位置。因而，可以选用中间分接位置来试验，以便在同一试验中，检查两个绕组是否均能满足 GB 1094.2 的要求。

注2： 某些分接布置中，在最大电流分接位置时分接绕组不载流。因而如果需要确定分接绕组的温升，则需选择另一个分接位置或协商额外的试验。

7.1.1　联结组标号

三相变压器的三个相绕组或组成三相组的三台单相变压器同一电压的绕组联结成星形、三角形或曲折形时，对于高压绕组应用大写字母 Y、D 或 Z 表示；对于中压或低压绕组应用同一字母的小写字母 y、d 或 z 表示。

对于有中性点引出的星形或曲折形联结应用 YN(yn) 或 ZN(zn) 表示。这同样适用于每相绕组中性点端子分别引出，再联结在一起形成实际运行中的中性点的变压器。

对于自耦联结的一对绕组，电压较低绕组的符号用字母 a 代替。

不在三相变压器内部联结的开口绕组，且每个相绕组的两端均引出时（如：串联变压器及移相变压器的串联绕组），其高压绕组用 III 表示，中压绕组或低压绕组用 iii 表示。

变压器高压绕组、中压绕组、低压绕组的字母标识应按额定电压递减的顺序标注，不考虑功率流向。在中压绕组及低压绕组的联结组字母后，紧接着标出其相位移钟时序数（见3.10.6）。

常用联结组及联结图示例参见附录C。

7.1.2　用钟时序数标志相位移

下列通用标识适用。

高压绕组联结图在上，低压绕组联结图在下（感应电压方向在绕组上部，见图2）。

高压绕组相量图以 A 相指向12点钟为基准。低压绕组 a 相的相量按联结图中的感应电压关系确定。钟时序数就是低压向量指向的小时数。

相量的旋转方向是逆时针方向，相序为 A—B—C。

开口绕组没有钟时序数，因为这些绕组的相量关系取决于外部联结。

8.2　必须标志的项目（任何情况下）

必须标志的项目如下：

a）变压器种类（如：变压器、自耦变压器、串联变压器）；

b）本部分代号；

c）制造单位名称、变压器装配所在地（国家、城镇）；

d）出厂序号；

e）制造年月；

f）产品型号；

g）相数；

h）额定容量（kVA 或 MVA。对于多绕组变压器，应给出每个绕组的额定容量。如果一个绕组的额定容量并不是其他绕组额定容量的总和时，则应给出负载组合）；

i）额定频率（Hz）；

j）各绕组额定电压（V 或 kV）及分接范围；

k）各绕组额定电流（A 或 kA）；

l）联结组标号；

m）以百分数表示的短路阻抗实测值；对于多绕组变压器，应给出不同的双绕组组合下的短路阻抗以及各自的参考容量；对于带分接绕组的变压器，见 6.5 及 8.3 的 b）项；

n）冷却方式（若变压器有多种组合的冷却方式时，则各自的容量值可用额定容量的百分数表示。如：ONAN/ONAF 为 70%/100%）；

o）总质量；

p）绝缘液体的质量、种类。

如果在设计中，已特别指明绕组有几种不同的联结，因而变压器有不止一组额定值时，则其补充的额定值应在铭牌上给出，或每一组额定值分别用各自的铭牌单独给出。

11.1.2.1 所有变压器的例行试验

例行试验项目包括：

a）绕组电阻测量（见 11.2）；

b）电压比测量和联结组标号检定（见 11.3）；

c）短路阻抗和负载损耗测量（见 11.4）；

d）空载损耗和空载电流测量（见 11.5）；

e）绕组对地及绕组间直流绝缘电阻测量；

f）绝缘例行试验（见 GB 1094.3）；

g）有载分接开关试验（如果适用，见 11.7）；

h）液浸式变压器压力密封试验（见 11.8）；

i）充气式变压器油箱压力密封试验（见 IEC 60076-15）；

j）内装电流互感器变比和极性试验；

k）液浸式变压器铁芯和夹件绝缘检查（见 11.12）；

l）绝缘液试验。

第 2 章 《电力变压器 第 11 部分：干式变压器》GB 1094.11—2007 部分原文摘录

4.2.2 海拔

海拔不超过 1000m。

4.2.3　冷却空气温度

最高温度：40℃；

最热月平均温度：30℃；

最高年平均温度：20℃；

最低温度：－25℃（适用于户外式变压器）；

最低温度：－5℃（适用于户内式变压器）。

上述月平均温度和年平均温度的定义，见 GB 1094.1。

4.2.4　电源电压波形

电源电压波形应近似于正弦波。

注：对于公用供电系统来说，此要求并不苛刻。但当有强大的变流器负载设备时，却应按传统的规则进行考虑：畸变波形中的总谐波含量不大于 5%，偶次谐波含量不大于 1%。同时，还应考虑谐波电流对负载损耗及温升的影响。

4.2.5　多相电源电压对称

对于三相变压器，其三相电源电压应近似对称。

4.2.6　湿度

周围空气的相对湿度应低于 93%。线圈表面不应出现水滴。

5　分接

对分接的有关规定，按 GB 1094.1。分接范围的优先值如下：

——±5%，每级为 2.5%（5 个分接位置）；

——±5%（3 个分接位置）。

对于无励磁调压变压器，分接的选择应在无励磁状态下，采用连接片或无励磁分接开关来实现。

6　联结组

如用户无其他规定，变压器的联结组别建议为 Dyn11 或 Dyn5，中性点的连接应能承载额定相电流。

7　承受短路的能力

变压器应能满足 GB 1094.5 的要求。如果用户要求通过试验来验证是否满足，则该试验项目应在订货合同中明确规定。

9 铭牌

9.1 固定于变压器上的铭牌

每台变压器均应装有一块铭牌，铭牌的材料应不受气候影响，并应固定在明显可见的位置。铭牌上所标志的内容应永久保持清晰（可采用蚀刻、雕刻、打印或光化学处理等方式）。下述各项内容应标志在铭牌上。

a）干式变压器；

b）本部分代号；

c）制造单位名称；

d）出厂序号；

e）制造年月；

f）每个绕组的绝缘系统温度。第一个字母代表高压绕组，第二个字母代表低压绕组。当有多个绕组时，则字母应按从高压绕组到低压绕组的顺序依次排列；

注1：当各绕组的绝缘系统温度相同时，可只标注一个字母；

注2：当无法用字母标注时，可改用温度（绝缘系统温度的摄氏度）标注。

g）相数；

h）每种冷却方式的额定容量；

i）额定频率；

j）额定电压，包括各分接电压（如果有）；

k）每种冷却方式的额定电流；

l）联结组标号；

m）在额定电流及相应参考温度下的短路阻抗；

n）冷却方式；

o）总质量；

p）绝缘水平（铭牌上应标出所有绕组的额定耐受电压，其标志的原则见 GB 1094.3）；

q）防护等级；

r）环境等级；

s）气候等级；

t）燃烧性能等级。

9.2 固定于变压器外壳上的铭牌

每台变压器外壳均应装有一块铭牌，铭牌的材料应不受气候影响，并应固定在明显可见的位置。铭牌上应标出的各项内容见9.1。所标志的内容应永久保持清晰（可采用蚀刻、雕刻、打印或光化学处理等方式）。

10 冷却方式的标志

10.1 标志代号

变压器应按所采用的冷却方式进行标志。与各种冷却方式相关联的字母代号如表1所示。

字母代号 表1

冷却介质类型及循环种类	字母代号
空气	A
自然循环	N
强迫循环	F

10.2 字母代号的排列

变压器的每一种冷却方式（制造单位所规定的变压器各额定容量是按冷却方式确定的）均应用两个字母代号进行标志，其典型标志如下：

——当变压器被设计成自然空气循环时，其标志代号为AN；

——当变压器被设计成在采用自然空气循环时达到一定容量，而同时在采用强迫空气循环时可达到更大容量运行时，则其标志代号为AN/AF。

11 温升限值

11.1 正常温升限值

按正常运行条件设计的变压器，当按第23章进行试验时，其每个绕组的温升均不应超过表2中所列出的相应限值。

当绕组绝缘系统中某处的温度是最大值时，则称此温度为热点温度。

热点温度不应超过 GB/T 17211—1998 中规定的绕组热点温度额定值。热点温度虽可测量，但为了实用，可通过 GB/T 17211—1998 的 7.2 中给出的 z 和 q 值，用 GB/T 17211—1998 的 4.2.4 中的公式(1) 计算其近似值。

作为绝缘材料用的各部件可以分开使用，也可组合使用，只要它们各自的温度不超过表 2 第一栏所给出的相应绝缘系统的温度。

铁芯、金属构件及其邻近处材料的温度，不应对变压器任何部分造成损害。

绕组温升限值　　　　　　　　　　　　　　　　表 2

绝缘系统温度(见注 1) (℃)	额定电流下的绕组平均温升限值(见注 2) (K)
105(A)	60
120(E)	75
130(B)	80
155(F)	100
180(H)	125
200	135
220	150

注：1. 有关温度等级的字母代号见 GB/T 11021。

　　2. 温升测量按第 23 章进行。

11.2　为较高的冷却空气温度或特殊的空气冷却条件而设计的变压器的温升降低

当变压器是按下列条件设计的，即冷却空气温度超过 4.2.3 所规定的各最大值中的某一个值时，则变压器的温升限值应按超过的数值降低，并应将其修约到最接近的整数值（单位为 K）。

如果现场条件可能会使冷却空气受到某种限制，或使冷却空气温度变高时，用户应予以阐明。

11.3　高海拔处的温升修正

当所设计的变压器是在海拔超过 1000m 处运行，而其试验却是在正常海拔处进行时，如果制造单位与用户间无另外协议，则表 2 中所给出的温升限值应根据运行地点的海拔超过 1000m 的部分，以每 500m 为一级，按下列数值相应降低；

对于自冷式变压器：2.5%；

对于风冷式变压器：5%。

如果变压器的试验是在海拔高于 1000m 处进行，而安装现场的海拔却低于 1000m 时，则温升限值要作相应的逆修正。

经海拔修正后的温升限值，应修约到最接近的整数值（单位为 K）。

12　绝缘水平

12.1　概述

用于一般公共配电网或工业电网中的变压器，其绝缘水平应符合表 3 的规定。

绝缘水平（单位：kV）　　　　　　表 3

标称系统电压（方均根值）	设备最高电压 U_m（方均根值）	额定短时外施耐受电压（方均根值）	额定雷电冲击耐受电压(峰值)	
			组 Ⅰ	组 Ⅱ
≤1	≤1.1	3	—	—
3	3.6	10	20	40
6	7.2	20	40	60
10	12	35	60	75
15	17.5	38	75	95
20	24	50	95	125
35	40.5	70	145	170

注：如用户另有要求，绝缘水平也可参照附录 C 的规定选取，但应在订货合同中注明。

应按变压器遭受雷电过电压和操作过电压的程度、系统中性点的接地方式以及过电压保护装置的类型（如果采用）来选择组 Ⅰ 或组 Ⅱ 的耐受电压值，参见 GB 311.1 的规定。

12.2　用于高海拔处的变压器

当变压器被规定在海拔为 1000~3000m 之间运行，而其试验却是在正常海拔处进行时，其额定短时外施耐受电压值，应根据安装地点的海拔超过 1000m 的部分，以每 100m 增加 1% 的方式来提高。至于在海拔超过 3000m 处运行时，其绝缘水平应由供、需双方协商确定。

14 试验的一般要求

新变压器应承受第 15 章～第 23 章所规定的各项试验。已运行过的变压器，可按本规定进行试验，但其绝缘试验中的施加电压值宜降低到原来新变压器的保证绝缘水平的 80%。

试验应由制造单位进行，或在认可的试验室进行，但供、需双方在投标阶段另有协议时除外。

定期的型式试验应至少每 5 年进行一次。

变压器按第 19 章～第 21 章进行绝缘试验时，其温度应与试验场所的温度接近。

试验应在相关附件装好后的完整变压器上进行。

带分接的绕组应在主分接下进行试验，但供、需双方另有协议时除外。

除绝缘试验外，变压器其他所有特性的试验均以额定条件为基础，但有关试验条款另有规定时除外。

15 绕组电阻测量（例行试验）

本试验按 GB 10941.1 的规定。

16 电压比测量和联结组标号检定（例行试验）

本试验按 GB 1094.1 的规定。

17 短路阻抗和负载损耗测量（例行试验）

本试验按 GB 1094.1 的规定。

短路阻抗和负载损耗的参考温度应等于表 2 第二栏所给出的绕组平均温升限值再加上 20℃。

当一台变压器的绕组具有多个不同的绝缘系统温度时，其参考温度应采用与较高绝缘系统温度相对应的绕组的数值。

18 空载损耗和空载电流测量（例行试验）

本试验按 GB 1094.1 的规定。

19　外施耐压试验（例行试验）

本试验按 GB 1094.3 的规定。

试验电压应为表 3 中所列出的变压器绝缘水平规定值。

耐受电压应施加于被试绕组（其所有端子应连接在一起）与地之间，加压时间 60s。试验时，其余所有绕组、铁芯、夹件及外壳均应接地。

20　感应耐压试验（例行试验）

本试验按 GB 1094.3 的规定。

耐受电压应等于两倍的额定电压。

当试验频率等于或小于两倍额定频率时，耐压时间应为 60s。当试验频率超过两倍额定频率时，其耐压时间应为：

$$120 \times \frac{额定频率}{试验频率} s，但不小于 15s$$

21　雷电冲击试验（型式试验）

本试验按 GB 1094.3 的规定。

耐受电压应为表 3 中所列出的变压器绝缘水平规定值。

冲击试验用的波形应为 $1.2 \times (1 \pm 30\%) \mu s / 50 \times (1 \pm 20\%) \mu s$。

试验电压应采用负极性。每个线端的试验顺序为：在 50%～75% 全耐受电压时进行一次校正冲击，然后在全耐受电压下进行三次冲击。

> 注：干式变压器在进行雷电冲击试验时，可能会出现空气中的电容性局部放电，但它并不对绝缘产生危害。此局部放电会使示伤电流波形发生变化，但此时的电压波形只有微小的变化甚至不发生变化。当出现这种情况时，可重复进行外施耐压试验和感应耐压试验。考虑到上述说明，不能以示伤电流波形有轻微的畸变来作为拒绝该产品的理由。

22　局部放电测量（例行试验和特殊试验）

22.1　概述

所有的干式变压器均应进行局部放电测量。测量应按 GB 1094.3 和

GB/T 7354 的规定进行。

局部放电测量应在 $U_m \geqslant 3.6kV$ 的绕组上进行。

22.2 基本测量线路 (仅为典型线路)

局部放电试验用的基本测量线路见图1和图2。

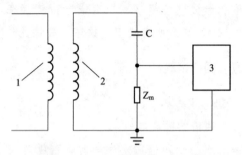

图1 单相变压器局部放电试验的基本测量线路

1—低压绕组；2—高压绕组；3—测量仪器

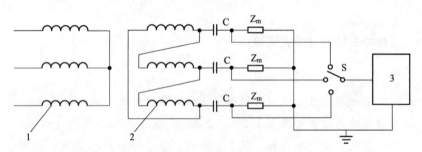

图2 三相变压器局部放电试验的基本测量线路

1—低压绕组；2—高压绕组，D或Y接；3—测量仪器；S—开关

图中 C 表示一台电压额定值合适的无局部放电的高压电容器（其电容值与校准发生器的电容 C_0 相比应足够大）。该电容器与测量阻抗 Z_m 串联，且与每个被试高压绕组端子相连接。

22.3 测量线路的校准

在绕组内部和测量线路中，均会出现放电脉冲的衰减现象。校准按 GB 1094.3 的规定进行，将一台标准放电校准器所产生的模拟放电脉冲施加到变压器高压绕组端子上。为了方便，可使标准发生器的重复频率与变压器试验时所用电源频率的每半周中有一个脉冲相当。

22.4 电压施加方式

局部放电测量应在所有绝缘试验项目完成后进行。根据变压器是单相还是三相结构，来决定其低压绕组是由单相电源还是三相电源供电。试验电压波形应尽可能是正弦波，且试验频率应适当地比额定频率高些，以免试验期间励磁电流过大。试验程序按 22.4.1 或 22.4.2。

22.4.1 三相变压器

22.4.1.1 例行试验

本试验应在所有的干式变压器上进行，施加电压方式见图 3。

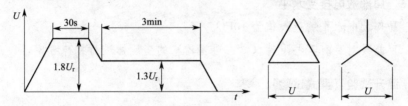

图 3 局部放电例行试验的施加电压方式

相间预加电压为 $1.8U_r$（U_r 为额定电压），加压时间为 30s。然后不切断电源，将相间电压降至 $1.3U_r$，保持 3min，在此期间应进行局部放电测量。

22.4.1.2 附加的试验程序（特殊试验）

对于拟接到中性点绝缘的电力系统或接到中性点是通过高阻抗接地的电力系统的变压器，由于它能在单相对地故障条件下继续运行，故可能要对变压器进行附加的试验。本试验只在用户有规定时才进行，施加电压方式见图 4。

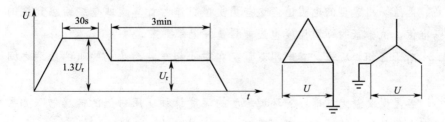

图 4 局部放电特殊试验的施加电压方式

本试验是在一个线端接地时，先施加相间预加电压 $1.3U_r$，加压时间 30s，然后不切断电源，将相间电压降至 U_r，保持 3min，在此期间应进行局部放电测量。此后，依次将另一个线端接地，重复进行本试验。

22.4.2 单相变压器

对于单相变压器，U_r 应视实际情况，为相间电压或相对地电压。施加电压方式按三相变压器。

对于由三台单相变压器组成的三相变压器组，其试验要求应与三相变压器相同。

22.5 局部放电接受水平

局部放电水平的最大值为 10PC。

可能要对装有某些附件（如：避雷器）的变压器进行特殊考虑。

23 温升试验（型式试验）

23.1 概述

GB 1094.2 的有关要求均适用于本部分。三相变压器的温升试验应使用三相电源进行。

23.2 施加负载的方法

制造单位可从下述几种方法中任选其一来进行温升试验。

23.2.1 模拟负载法

本方法适用于非封闭式、封闭式或全封闭式干式自冷或风冷变压器。

温升值是通过短路试验（提供负载损耗）和空载试验（提供空载损耗）的组合来确定的。

试验开始时，变压器的温度应与试验室的环境温度一样稳定。应测量高、低压绕组各自的电阻值，这些测量值将作为计算这两个绕组温升值的基准值。试验室的环境温度也应被测量并记录下来。

对于三相变压器，其电阻测量应在中间相与一个边相绕组的线端之间进行。

各温度测量点［即：测环境温度的温度计和变压器上的传感器（如果有）］的位置，不论是参考测量还是最终测量，均应相同。

绕组短路试验应是在一个绕组流过额定电流而另一个绕组短路下进行

的，且持续到绕组和铁芯温度都达到稳态时为止，见 23.4。用电阻法或叠加法确定各绕组的温升 $\Delta\theta_c$。

在额定频率和额定电压下的空载试验，应持续到绕组和铁芯温度都达到稳态时为止，然后应测出各自绕组的温升 $\Delta\theta_e$。

温升试验程序应采用下述两种方法之一：

——先进行绕组短路试验，直到铁芯和绕组温度达到稳定为止，然后进行空载试验，直到铁芯和绕组温度达到稳定为止；

——先进行空载试验，直到铁芯和绕组温度达到稳定为止，然后进行绕组短路试验，直到铁芯绕组温度达到稳定为止。

在绕组通过额定电流和铁芯为额定励磁下，每个绕组的总温升 $\Delta\theta'_c$ 用下式来计算：

$$\Delta\theta'_c = \Delta\theta_c\left[1+\left(\frac{\Delta\theta_e}{\Delta\theta_c}\right)^{1/K_1}\right]^{K_1}$$

式中　$\Delta\theta'_c$——绕组总温升；

$\Delta\theta_c$——短路试验下的绕组温升；

$\Delta\theta_e$——空载试验下的绕组温升；

K_1——对于自冷式为 0.8，对于风冷式为 0.9。

23.2.2　相互负载法[1]

如果有两台同样的变压器，且试验室具有必需的试验设备时，采用本方法是合适的。它适用于封闭式或非封闭式干式自冷或风冷变压器。

试验开始时，变压器温度应与试验室的环境温度一样稳定。应测量高、低压绕组各自的电阻值，这些测量值将作为计算这两个绕组温升值的基准值。试验室的环境温度也应被测量并记录下来。

各温度测量点的位置，不论是参考测量还是最终测量，均应相同。

对于三相变压器，其电阻测量应在中间相与一个边相绕组的线端之间进行。

对于绕组为星形联结的三相变压器，最好是在中间芯柱的绕组上进行

---

1) 如果在绕组通过试验电流之前，先对铁芯励磁一段时间（最好不小于 12h），则可缩短试验时间。

测量。

　　将两台变压器并联连接，其中一台为被试变压器，且最好是对这两台变压器的内部绕组以被试变压器的额定电压进行励磁。利用两台变压器的电压比不同或另输入某一电压的方法，使被试变压器绕组中通过额定电流，直到铁芯和绕组温度达到稳定时为止。见图5和图6。

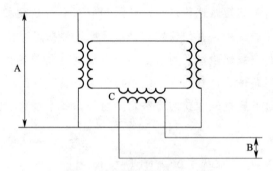

图5　单相相互负载法示例

A—供产生空载损耗的额定频率的电压源；B—供产生负载损耗的
额定频率的额定电流源；C—增压变压器

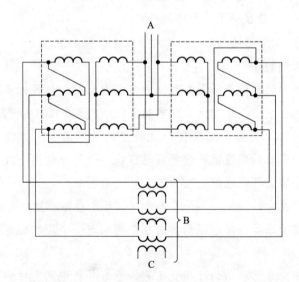

图6　三相相互负载法示例

A—供产生空载损耗的额定频率的电压源；B—供产生负载
损耗的额定频率的额定电流源；C—增压变压器

23.2.3 直接负载法①

本方法只适用于小变压器。

将变压器的一个绕组，最好是内部绕组在额定电压下励磁，另一个绕组连接适当的负载，以使两个绕组都通过额定电流。

23.3 降低电流下的绕组温升校正

当输入的试验电流 I_t 低于额定电流 I_r，但不低于 $90\%I_r$ 时，待铁芯和绕组温度均达到稳定后，应用电阻法测得绕组温升 $\Delta\theta_t$，并按下式将其校正到额定负载下的温升 $\Delta\theta_r$：

$$\Delta\theta_r = \Delta\theta_t \left[\frac{I_r}{I_t}\right]^q$$

式中　$\Delta\theta_r$——额定负载下的绕组温升；

$\Delta\theta_t$——试验电流下的绕组温升；

I_r——额定电流；

I_t——试验电流；

q——对于自冷式（AN）变压器为 1.6，对于风冷式（AF）变压器为 1.8。

23.4 稳态条件的确定

当温升值趋于稳定，即每小时的温升变化值不超过 1K 时，则认为温升已达到最终值。

为了确定已达到稳定温升时的条件，应将热电偶或温度计置于如下表面处：对于第 3 章所涉及的各类变压器，为上铁轭中心处且尽可能紧靠最内部的低压绕组顶部处的导线。对于三相变压器，此测量应在中间的芯柱上进行。

24 声级测定（特殊试验）

本试验按 GB/T 1094.10 的规定。

注：声级保证值是以自由场条件为基准的。需注意的是，在现场中由于建筑物的

---

①如果在绕组通过试验电流之前，先对铁芯励磁一段时间（最好不小于12h），则可缩短试验时间。

硬墙、地面和天花板的反射，可能会使声级水平明显增加。

25 短路承受能力试验（特殊试验）

本试验按 GB 1094.5 的规定。

短路试验结束后，应重复进行局部放电试验。其最终的测量值不应超过 22.5 中规定的限值。

31 外壳防护等级

变压器外壳应根据变压器安装场所的位置和环境条件来进行设计。外壳防护等级应按 GB 4208 的规定。

第3章 《电力变压器
第5部分：承受短路的能力》
GB 1094.5—2008 部分原文摘录

1 范围

本部分规定了电力变压器在由外部短路引起的过电流作用下应无损伤的要求。本部分叙述了表征电力变压器承受这种过电流的耐热能力的计算程序和承受相应的动稳定能力的特殊试验和理论评估方法（参见附录 A）。

本部分适用于 GB 1094.1 所规定范围内变压器。

3.2.2.3 表1给出了在额定电流（主分接）下的变压器短路阻抗最小值，如果需要更低的短路阻抗值时，则变压器承受短路的能力应由制造方和用户协商确定。

具有两个独立绕组的变压器的短路阻抗最小值 表1

额定容量(kVA)	最小短路阻抗(%)
25～630	4.0
631～1250	5.0

额定容量(kVA)	最小短路阻抗(%)
1251～2500	6.0
2501～6300	7.0
6301～25000	8.0
25001～40000	10.0
40001～63000	11.0
63001～100000	12.5
100000 以上	＞12.5

注：1. 额定容量大于100000kVA的短路阻抗值一般由制造方和用户协商确定。

2. 在由单相变压器组成三相组的情况下，额定容量值适用于三相组。

3. 不同额定容量及电压等级的具体短路阻抗值，见相应的标准。

第4章 《电力变压器
第12部分：干式电力变压器
负载导则》GB 1094.12—2013
部分原文摘录

4.1 概述

正常预期寿命值通常是以设计的环境温度和额定运行条件下的连续工况为基础的。当负载超过铭牌额定值和/或环境温度高于规定环境温度时，变压器将承受一定程度的风险，并且老化加速。本部分的目的是要确认这些危险，并指导变压器在限定条件下如何进行超铭牌额定值负载运行。

4.3 短期急救负载的影响和危害

超过规定限值的短期急救负载的主要危害如下：

——由于温度升高而产生的巨大机械应力，可能达到引起环氧浇注变压器绝缘开裂到不可接受的程度；

——短时和重复性过载电流导致绕组受到机械损伤；

——在环境温度超过规定值情况下短时和重复性电流导致绕组受到机

械损伤；

——在更高的温度下，机械特性的劣化会降低抗短路能力；

——由于温度升高而降低绝缘强度。

因此规定，最大的过载电流不允许超过额定电流的50％。

当过载超过50％时，有必要与制造方协商，以评估该过载的后果。在任何情况下，此类过载时间应尽可能短。

5 老化和变压器绝缘寿命

5.1 概述

经验表明，变压器的正常寿命为几十年，但难以对其进行更加准确的规定。即使是完全相同的变压器，由于它们的运行条件各异，因此每台变压器的寿命也是不相同的。除极少数情况外，变压器很少在整个寿命周期内在100％额定电流下运行。其他对温升有影响的因素，如：冷却不充分、谐波、过励磁和/或在 GB 1094.11 中描述的非正常条件都会影响变压器的寿命。

当主要由变压器的损耗产生的热量传递到绝缘系统时，化学过程便开始了。这个过程改变组成绝缘系统的材料的分子结构。传递给系统的热量越多，老化率越大。这个过程是累积的且不可逆的，这意味着当传热停止、温度下降时，材料也不会恢复到最初的分子结构。绝缘系统温度会在制造方提供的文件中说明并标在铭牌上。假定老化造成的绝缘材料性能失效是变压器寿命终结的原因之一。

进一步假定老化率随温度的变化符合阿伦尼乌斯（Arrhenius）定律。有关进一步的背景信息见附录 A。阿伦尼乌斯定律中的两个常数在理想情况下可以用耐热试验来确定。当得不到这样的试验数据时，本部分提供了估算的常数，它是以下列假定为基础通过计算得出的：

——温度增加 6K，老化率加倍。6K 对整个绕组而言是估计值，该值与绕组使用的特定材料性能有关；

——当按照 GB/T 11026.1 进行整体电气绝缘系统（EIS）的耐热试验，得到另一个老化率加倍的值时，宜使用该值；

——绝缘材料性能失效是变压器寿命终结的原因。

5.2　寿命

在恒定的热点温度 T（单位为 K）下，变压器的预期寿命 L 按下式计算：

$$L = a \times e^{\frac{b}{T}} \tag{1}$$

该公式也可以表示为：

$$L = a \times \exp\left(\frac{b}{T}\right) \tag{2}$$

尽管任何时间单位都适用于上述公式，但本导则中用小时。表 1 给出了用于不同绝缘系统温度下常数 a 的值，以"h"为单位。

寿命公式中的常数　表 1

绝缘系统温度 TI（耐热等级）(℃)	常数		绕组额定热点温度 $\theta_{HS,r}$
	a(h)	b(K)	(℃)
105(A)	3.10E-14	15900	95
120(E)	5.48E-15	17212	110
130(B)	1.72E-15	18115	120
155(F)	9.60E-17	20475	145
180(H)	5.35E-18	22979	170
200	5.31E-19	25086	190
220	5.26E-20	27285	210

注 1：不应该机械地理解按本公式计算的预期寿命。在按本公式计算的理论寿命到达后，变压器承受过电压和系统短路引起的过电流的能力与新变压器相比肯定要变弱。如果不出现过电压和过电流，则变压器还可以稳定地运行许多年。采取措施避免短路和安装足够的过电压保护装置可以延长变压器的寿命。

注 2：下列方程式用于确定绕组额定热点温度中的常数 a 和 b：

$$\ln(180000) = \frac{b}{\theta_{HS,r} + 273} + \ln(a)$$

$$\ln(90000) = \frac{b}{\theta_{HS,r} + 6 + 273} + \ln(a)$$

表 1 是按每 6K 老化率加倍计算的。

注 3：大多数电力变压器在实际寿命中的运行负荷远低于满负荷，因为热点温度如果低于额定值 6℃，则寿命损失速率减半，所以典型变压器的实际寿命大于 20 年。表 1 中的常数是基于 180000h、半差 6K 得来的。

5.3 稳定连续负载和温度间的关系

绕组的稳态热力学热点温度 $T(\text{K})$ 表示为：

$$T = 273 + \theta_a + \Delta\theta_{HSn} \tag{3}$$

式中 θ_a——环境温度，℃；

$\Delta\theta_{HSn}$——所考虑负载下绕组热点对环境的温升，K。

注意环境温度可能与负载无关，但也可能是负载的函数：

$$\theta_a = f(\text{电流}) \tag{4}$$

该函数可能随场所不同而变化。在对老化率及寿命损失估算时，有必要了解特定场所的环境温度与负载的相互关系。可通过在特定场所的试验来确定二者间的关系。如果没有这方面的资料，则进行不同温度下（如：10～40℃）的等效计算可得到老化率和寿命损失之间的关系。

本部分给出的公式将涡流损耗作为绕组的电阻损耗处理。试验数据表明，由这些公式计算的寿命损失比预期的高。如果有谐波电流存在，则过载时增加的涡流损耗需要按照 GB/T 18494.1—2001 附录 A 中的方法考虑。

5.4 热老化率

实际上，变压器的正常寿命不低于 180000h。公式（5）中使用 180000h 作为保守的参考值，来表示老化率 $k(\text{h}/\text{h})$，即在恒定热点温度 T（K）下运行每小时损失的寿命小时数：

$$k = 180000 \times a^{-1} \times \exp\left(\frac{-b}{T}\right) \tag{5}$$

在恒定热点温度 $T(\text{K})$ 时的相对老化率百分数 $k_r(\%)$ 表示 180000h 寿命运行 t 小时后的寿命百分数（%），按下式计算：

$$k_r = 100 \times t \times a^{-1} \times \exp\left(\frac{-b}{T}\right) \tag{6}$$

式中 t——时间；

a、b——见表1。

5.5 寿命损失

在恒定热点温度 $T(\text{K})$ 下，一段时间 $t(\text{h})$ 内的寿命损失 $L_c(\text{h})$ 按公式(7) 计算：

$$L_C = t \times 180000 \times a^{-1} \times \exp\left(\frac{-b}{T}\right) \tag{7}$$

式中　t——时间；

　a、b——见表 1。

5.6　稳态下的热点温度

对大多数运行中的变压器来说，很难准确地知道绕组内部的热点温度。对大多数此类变压器，热点温度能通过计算来估计。

本部分计算方法中的 $\theta_{HS,r}$ 为额定条件（额定电流、额定环境温度、额定电压、额定频率）下的热点温度，单位为℃。它可以用计算或测量的方法得到。

注：目前没有确定热点温度的标准试验方法，如果制造方能用试验来证明其他热点温度值，则制造方可以用这些值来计算变压器寿命损失。

5.7　假定的热点系数

在下面的考虑中，假定热点系数 Z 是 1.25：

$$\Delta\theta_{HS,r} = Z \times \Delta\theta_{Wr} \tag{8}$$

式中　$\Delta\theta_{HS,r}$——热点温升，K；

　$\Delta\theta_{Wr}$——额定负载下绕组平均温升，K。

5.8　在不同的环境温度和负载条件下的热点温升

计算寿命损失要求的基本值是热点温度。为此，有必要知道在每个负载条件和环境温度下的热点温升。

$$\Delta\theta_{HSn} = Z \times \Delta\theta_{Wr} \times I_n^q \tag{9}$$

式中　$\Delta\theta_{HSn}$——给定负载下绕组热点温升；

　I_n——给定负载率；

　q——自然冷却（AN）取 1.6，强迫风冷（AF）取 2；

　Z——假定为 1.25。

$\Delta\theta_{Wr}$ 尽可能采用试验值，以限制与系数 Z 的有效性和与 q 值相关的不确定性。经验表明，q 和 Z 在不同变压器及不同的运行负载条件下取不同的值。

注：对某种绕组结构，$\Delta\theta_{Wr}$ 只能通过变压器样机、模型来确定。

5.9 负载公式

5.9.1 连续负载

热点温度 θ_{HS} 作为稳定条件下负载的函数，用下式计算：

$$\theta_{HS}=\theta_a+\Delta\theta_{HS} \tag{10}$$

对于自然冷却方式：

$$\Delta\theta_{HS}=\Delta\theta_{HS,r}(I)^{2m} \tag{11}$$

对于强迫风冷方式：

$$\Delta\theta_{HS}=\Delta\theta_{HS,r}\cdot(I^2C_T)^X \tag{12}$$

$$C_T=\frac{T_K+\theta_{HS}}{T_K+\theta_{HS,r}} \tag{13}$$

式中 $\Delta\theta_{HS}$——给定负载下的热点温升，K；

$\Delta\theta_{HS,r}$——额定负载下的额定或者测试的热点温度，℃〔用于式(11)
中的自然冷却运行的变压器测试值与用于式(12)的强迫
风冷运行的变压器测试值可能不同〕；

I——负载率（负载电流与额定电流的比值）；

C_T——电阻温度修正系数；

m——经验常数，等于0.8（在没有试验数据情况下的建议值）；

θ_a——环境温度，℃；

θ_{HS}——给定负载率 I 下的热点温度，℃；

T_K——导体的温度常数，铝为225，铜为235；

X——强迫风冷经验常数，等于1（在没有试验数据情况下的建
议值）。

试验数据表明，由上面公式算出的热点温度值偏保守。

自然冷却运行的指数 $m=0.8$ 和强迫风冷运行的指数 $X=1$ 是从自然
冷却和强迫风冷传热的相互关系中导出的。试验证明，式(13)给出的电
阻温度修正系数在预测强迫风冷运行时由于高损耗而产生的热点温升是需
要的。

式(11)和式(12)忽略了绕组中的涡流损耗，涡流损耗与温度呈反向
变化，除非有谐波电流存在，涡流损耗通常很低，公式结果偏于保守。

式(11) 和式(12) 均需要叠代计算。即使不考虑涡流损耗，由于使用了推荐的指数，加上考虑到强迫风冷却行条件下电阻随温度变化，因此也会导致热点温升计算结果偏于保守。如果有谐波电流存在的话，则过载期间增加的涡流损耗可能要依据 GB/T 18494.1—2001 的附录 A 进行考虑。

5.9.2　暂态过负载

暂态过负载时的热点温升用下列公式确定：

$$\Delta\theta_t = (\Delta\theta_U - \Delta\theta_i)\left[1 - e^{\frac{-t}{\tau}}\right] + \Delta\theta_i \tag{14}$$

$$\theta_{HS} = \Delta\theta_t + \theta_a \tag{15}$$

式中　$\Delta\theta_i$——某负载率 I_n 开始时的起始点温升，K；

　　　$\Delta\theta_t$——负载变化 t 时间后的热点温升，K；

　　　$\Delta\theta_U$——负载率 I_u 不发生变化情况下的最终热点温升，K；

　　　t——时间，min；

　　　τ——给定负载下绕组的时间常数，min；

　　　θ_{HS}——热点温度，℃；

　　　θ_a——环境温度，℃。

5.10　绕组时间常数的确定

5.10.1　概述

变压器时间常数的概念基于假设一个单一热源为一个受热体供热，而这个受热体的温升和输入的热量呈指数关系。时间常数定义为当负载发生变化时，其温升达到超过环境温度的稳定值的 63.2% 所需的时间。通常在 5 倍时间常数后达到稳态。因公开的试验数据表明高压和低压绕组的时间常数可能不同，因此，不同负载下的热点温度计算应分别进行。两个绕组的绝缘系统温度等级也可能不同。

时间常数可以通过计算或者是在变压器上进行试验获得，具体由供需双方协商确定。

5.10.2　时间常数计算方法

额定负载下绕组的时间常数 τ_R 为：

$$\tau_R = \frac{C(\Delta\theta_{HS,r} - \theta_e)}{P_r} \tag{16}$$

式中　τ_R——额定负载下绕组的时间常数，min；

　　　C——绕组的有效热容量，W·min/K；

　　　　＝[15.0×铝导线质量(kg)]＋[C_1×环氧材料及其他绕组绝缘质量(kg)]，或

　　　　＝[6.42×铜导线质量(kg)]＋[C_1×环氧材料及其他绕组绝缘质量(kg)]；

　　　　或

　　　C——绕组的有效热容量，W·h/K；

　　　　＝[0.25×铝导线质量(kg)]＋[C_2×环氧材料及其他绕组绝缘质量(kg)]，或

　　　　＝[0.107×铜导线质量(kg)]＋[C_2×环氧材料及其他绕组绝缘质量(kg)]；

　　　C_1——环氧材料及其他绕组绝缘材料的比热容，W·min/(K·kg)；

　　　C_2——环氧材料及其他绕组绝缘材料的比热容，W·h/(K·kg)；

　　　P_r——额定负载和额定温升下的绕组总损耗（电阻损耗＋涡流损耗），W；

　　$\Delta\theta_{HS,r}$——额定负载下的热点温升，K；

　　　θ_e——空载时铁芯对绕组热点温升的影响。其值应是下面给出的值或变压器温升试验时制造方的测量值：

　　　　＝5K，对于外侧绕组（通常为高压绕组）；

　　　　＝25K，对于内侧绕组（通常为不超过1kV的低压绕组）。

注1：上述的铁芯影响值基于制造方的经验；

注2：在 IEC 60076-12：2008 中，C_1 为 24.5W·min/(K·kg)，C_2 为 0.408W·h/(K·kg)。

5.10.3　时间常数的测试方法

时间常数可以通过在温升试验中获得的热电阻冷却曲线估算。

5.11　根据经验常数确定绕组时间常数

当温升变化时，根据经验常数 m，时间常数也发生变化。

$$\tau_R = \frac{C(\Delta\theta_{HS,r} - \theta_e)}{P_r} \tag{17}$$

如果 $m=1$，则公式（17）对任何负载及任何起始温度都正确。如果 $m \neq 1$，则任何负载和任何起始温度的加热或冷却循环的时间常数用公式（18）得出。

$$\tau = \tau_R \frac{\left(\dfrac{\Delta\theta_U}{\Delta\theta_{HS,r}}\right) - \left(\dfrac{\Delta\theta_i}{\Delta\theta_{HS,r}}\right)}{\left(\dfrac{\Delta\theta_U}{\Delta\theta_{HS,r}}\right)^{\frac{1}{m}} - \left(\dfrac{\Delta\theta_i}{\Delta\theta_{HS,r}}\right)^{\frac{1}{m}}} \tag{18}$$

5.12　负载能力计算

公式（10）～公式（18）宜用于确定在一个负载周期中的热点温度，也宜用于确定短时或连续负载导致的达到表 1 中给出的最大值或达到任何其他限值的温度值。

初始负载率 I_i 下的初始热点温升，可用公式（19）算出，计算如下：

$$\Delta\theta_i = \Delta\theta_{HS,r}[I_i]^{2m} \tag{19}$$

式中　I_i——初始负载率（负载电流与额定电流的比值）。

从表 2 中选择一个热点温度 θ_{Hs} 限值。用公式（10）确定在对应的环境温度下 t 时刻的允许热点温升。

绕组最高热点温度　　　　　　　　　　　　　　　　表 2

绝缘系统温度（GB 1094.11） （℃）	绕组最高热点温度 （℃）
105（A）	130
120（E）	145
130（B）	155
155（F）	180

绝缘系统温度(GB 1094.11) (℃)	绕组最高热点温度 (℃)
180(H)	205
200	225
220	245

当热点温度超过表2给出的绕组最高热点温度时，计算寿命是不实际的，因为绕组材料可能发生变化。变压器负载导致的温度如果超过表2的限值，会使变压器处于在不可预测的短时间内出现故障的风险中。

$$\theta_{HS} = \theta_a + \Delta\theta_{HS} \tag{20}$$

式中　θ_{HS}——热点温度，℃；

　　　$\Delta\theta_{HS}$——热点温升，K；

　　　θ_a——环境温度，℃。

$$\Delta\theta_t = \Delta\theta_{HS} - \theta_a \tag{21}$$

式中　$\Delta\theta_t$——负载变化后t时刻的热点温升，K。

用公式(14)确定的最终的热点温升：

$$\Delta\theta_U = \left(\frac{\Delta\theta_t - \Delta\theta_i}{1 - \exp^{\frac{-t}{\tau}}}\right) + \Delta\theta_i \tag{22}$$

式中　$\Delta\theta_U$——最终热点温升，K。

从5.10可得到时间常数τ。选择一个时间t，作为负载持续时间，代入上述公式中。从公式(11)可知，对应的最终负载率为：

$$I_U = \left(\frac{\Delta\theta_U}{\Delta\theta_{HS,r}}\right)^{\frac{1}{2m}} \tag{23}$$

式中　I_U——最终负载率。

时间常数的确定也是一个叠代的过程。

第 5 章 《三相配电变压器能效限定值及能效等级》GB 20052—2013 部分原文摘录

干式配电变压器能效等级

表2

额定容量 (kV·A)	1级 电工钢带				1级 非晶合金				2级 空载损耗(W)		2级 负载损耗(W)			3级 空载损耗(W)	3级 负载损耗(W)			短路阻抗(%)
	空载损耗(W)	B(100℃)	F(120℃)	H(145℃)	空载损耗(W)	B(100℃)	F(120℃)	H(145℃)	电工钢带	非晶合金	B(100℃)	F(120℃)	H(145℃)		B(100℃)	F(120℃)	H(145℃)	
30	135	605	640	685	70	635	675	720	150	70	670	710	760	190	670	710	760	4.0
50	195	845	900	965	90	895	950	1015	215	90	940	1000	1070	270	940	1000	1070	
80	265	1160	1240	1330	120	1225	1310	1405	295	120	1290	1380	1480	370	1290	1380	1480	
100	290	1330	1415	1520	130	1405	1490	1605	320	130	1480	1570	1690	400	1480	1570	1690	
125	340	1565	1665	1780	150	1655	1760	1880	375	150	1740	1850	1980	470	1740	1850	1980	
160	385	1800	1915	2050	170	1900	2025	2165	430	170	2000	2130	2280	540	2000	2130	2280	
200	445	2135	2275	2440	200	2250	2405	2575	495	200	2370	2530	2710	620	2370	2530	2710	
250	515	2330	2485	2665	230	2460	2620	2810	575	230	2590	2760	2960	720	2590	2760	2960	

续表

额定容量(kV·A)	1级 电工钢带 空载损耗(W)	1级 电工钢带 负载损耗(W) B(100℃)	F(120℃)	H(145℃)	1级 非晶合金 空载损耗(W)	1级 非晶合金 负载损耗(W) B(100℃)	F(120℃)	H(145℃)	2级 空载损耗(W) 电工钢带	2级 空载损耗(W) 非晶合金	2级 负载损耗(W) B(100℃)	F(120℃)	H(145℃)	3级 空载损耗(W)	3级 负载损耗(W) B(100℃)	F(120℃)	H(145℃)	短路阻抗(%)
315	635	2945	3125	3355	280	3105	3295	3545	705	280	3270	3470	3730	880	3270	3470	3730	4.0
400	705	3375	3590	3850	310	3560	3790	4065	785	810	3750	3990	4280	980	3750	3990	4280	
500	835	4130	4390	4705	360	4360	4635	4970	930	360	4590	4880	5230	1160	4590	4880	5230	
630	965	4975	5290	5660	420	4255	5585	5975	1070	420	5530	5880	6290	1340	5530	5880	6290	
630	935	5050	5365	5760	410	5330	5660	6080	1040	410	5610	5960	6400	1300	5610	5960	6400	
800	1095	5895	6265	6715	480	6220	6610	7085	1215	480	6550	6960	7460	1520	6550	6960	7460	
1000	1275	6885	7315	7885	550	7265	7725	8320	1415	550	7650	8130	8760	1770	7650	8130	8760	6.0
1250	1505	8190	8720	9335	650	8645	9205	9850	1670	650	9100	9690	10370	2090	9100	9690	10370	
1600	1765	9945	10555	11320	760	10495	11145	11950	1960	760	11050	11730	12580	2450	11050	11730	12580	
2000	2195	12240	13005	14005	1000	12920	13725	14780	2440	1000	13600	14450	15560	3050	13600	14450	15560	
2500	2590	14535	15455	16605	1200	15340	16310	17525	2880	1200	16150	17170	18450	3600	16150	17170	18450	

第4篇 部分变压器产品介绍及价格估算

第1章 西门子变压器产品介绍

广州西门子变压器有限公司，是德国西门子集团在中国的合资企业，专注于电力变压器和配电变压器的设计和生产，变压器的设计实施集全球西门子各家变压器技术之长，并严格按照西门子的制造工艺和质量控制程序，为客户提供高品质、高价值的变压器，广州西门子变压器有限公司也是西门子在中国唯一生产配变的企业。产品包括环氧树脂浇注干式变压器。

广州西门子变压器有限公司配变部有技术人员 15 人，所有变压器设计（TUB）、工艺（TUF）和检验（TUN）等均与德国西门子干式变压器总部保持一致。变压器的设计软件 TudStart 服务器在德国，变压器的电磁计算、结构计算等与德国在同一个平台上进行，该程序实现了高度的自动化，可以自动生成并打印设计图纸，提高了计算效率和图纸设计的准确性。计算机出图软件采用"AutoCAD Mechanical 2010"，办公软件为"office 2007"。

广州西门子变压器有限公司和西门子总部时刻保持着紧密的联系，共享新的研究成果。除电话、邮件、传真等联系外，每年都有若干次的面对面的技术交流和现场的学习，全球配电变压器质量管理高层人员每年都会来广州西门子变压器有限公司进行现场的产品质量检验和审核，确保产品的质量和流程的完整。

西门子环氧树脂浇注干式变压器拥有杰出的电气、机械和热学性能。安装经济，适用于各种连接方式，是对环保要求很高的区域的理想选择。

1.1 设计能力与条件

GEAFOL 是西门子环氧树脂浇注干式变压器的注册商标，从 1965 年起，GEAFOL 变压器已经成功运行。自西门子生产的全球第一台干式变压器运行以来，全球有超过 100000 台的 GEAFOL 通过安全可靠的运行证明了自身的质量。

1.2 西门子变压器结构介绍

1.2.1 变压器的结构

西门子环氧树脂浇注干式变压器的结构如图 4.1-1 所示。

图 4.1-1 变压器结构

1. 三相芯柱：由晶粒取向低损耗的硅钢片组成。

2. 低压绕组：箔式绕组。

3. 高压绕组：由真空浇注的单个箔式线饼组成。

4. 绝缘筒：提高变压器散热能力。

5. 高压端子：可根据变电站情况设计最优方案。

6. 低压端子：上部，正常布置；下部，特殊布置，根据客户要求确定。

7. 夹件和轮架：由钢板经激光加工而成，精度高。滚轮可以横向和纵向旋转。

1.2.2　变压器的特点

1. 高低压绕组采用箔式结构

（1）抗冲击能力强

雷电冲击电压的分布取决于绕组的纵向电容和对地电容。箔式绕组的纵向电容大，每个线饼的雷电冲击电压分布都是接近线性的，变压器抗冲击能力强。

（2）抗短路能力强

低压绕组采用单段箔式结构，铜带的宽度就是绕组的电抗高度。当高压侧的负载变化时，低压铜带上的电密可以自由的校正，从而降低辐向漏磁。变压器的轴向短路力只有线绕变压器的 10%。同时，高压绕组浇注和低压绕组预浸布加强的紧凑结构可以轻易承受短路引起的机械力。

（3）局部放电低

箔式绕组的优势在于层间电压就等于变压器的匝电压，然而线绕层式绕组的层间电压会达到几倍的匝电压甚至会达到千伏级的电压水平。因此箔式绕组的层绝缘承受的电压很低，从而保证在 2 倍额定电压下变压器的局部放电水平（见图 4.1-2）。

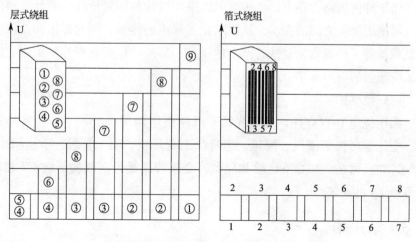

图 4.1-2　层绝缘承受电气强度比较

如果高压绕组不在真空下浇注，例如在正常的大气压下浇注，就不能排除绕组含有气泡的可能，从而导致局部放电的产生。绝缘材料在局部放电的持续侵蚀下会逐渐丧失绝缘性能，从而缩短变压器的运行寿命。即使变压器在额定电压下是无局部放电的，但运行过程中偶尔的过电压会引起局部放电，而且只有在电压低于起始电压的 20％～30％时，局部放电才会消失。因此，如果起始电压和额定电压很接近，甚至在变压器额定运行时都存在持续局部放电的风险。变压器的起始放电电压远高于额定电压，因此排除了局部放电降低变压器运行寿命的可能性。

2. 高压绕组采用带填料的树脂真空下浇注

(1) 电介质不存在气泡

真空浇注阻止了空气的侵入，并且浇注料能够更好地渗透到导体和绝缘材料的空隙中。提高电介质强度，降低局部放电。

(2) 阻燃性能良好

填料的加入降低了浇注料的可燃性并且使得变压器自熄。绕组采用薄绝缘结构，降低了树脂的含量。浇注料中不添加额外的阻燃剂（含卤素的物质），F1 燃烧试验后，发现燃烧时产生的烟雾及高温分解物中不含任何的有毒物质。

(3) 低噪声

由于轴向短路力很小，变压器可以采用特殊的压紧措施。弹性垫块的加入隔绝了绕组之间的振动，从而阻止了噪声的传播。同时低压和高压绕组就像墙壁一样吸收来自铁芯产生的噪声。另外，优质硅钢片的采用也降低了变压器的噪声水平。

(4) 免维护

高压绕组真空浇注，表面光滑。低压绕组两端浇封，不易受环境影响。变压器可抵御潮气、海风、恶劣的工业环境、阳光直射，不易积尘、积油，并且可在−40℃下运输和储藏。变压器满足最高气候等级 C2 和环境等级 E2 的要求。

1.3　结束语

西门子品牌代表了先进的设计理念和重要的工程成就。采用优质材料和技术以达到最优化的电气、机械和热学性能。几万台变压器服务于世界各地，并且很多都是在极端恶劣的条件下运行的，这也是产品安全、可靠、性能杰出的最好证明。

第2章　ABB变压器产品介绍

2.1　公司核心技术——全球ABB同步

上海ABB变压器有限公司是国内领先的干式变压器制造商，公司坚持"在中国，为中国"的理念，利用ABB的最新技术成果服务于本地客户。ABB干式变压器历史悠久、技术成熟、质量稳定、性能优越，ABB全球设计中心投入巨资，不断完善已有技术，开发新产品以及解决方案。作为ABB集团在中国唯一的干式变压器生产基地，上海ABB变压器有限公司始终与ABB技术保持同步，从而确保了市场的领导地位。

2.2　公司VCC产品特点

公司VCC产品特点见表4.2-1。

产品特点　　　　　　　　　　　　　　　　表4.2-1

铁芯	原材料硅钢片	日本、宝钢等
	加工工艺	德国乔格公司剪切线
低压绕组	整张铜箔 DMD(F级)	抗短路能力强 绝缘老化速度控制
层间绝缘	MNM(H级)	
高压绕组	窄铜带	电场强度分布均匀,没有电场强度集中区域
环氧树脂	进口H级绝缘/Huntsman	更强的过负荷能力
浇注工艺:卧式浇注,树脂的渗透性强, 局部放电控制更优		环氧树脂缠绕玻纤一体化绕制
组件:温度控制器、冷却风机、防护罩壳		供应商的严格把控考核,均为 国内知名的ABB合格供应商

2.3　公司的应用技术

ABB 干式变压器具有极强的抗短路能力，过载能力强，绕组绝缘等级为高 H 级或 F 级，卓越的负载温升变化表现，可以满足客户定制的特殊要求。

其具备的特质：无污染、不危害人身和自然环境，防爆、防火，重负载循环，严峻环境条件下的耐压能力强，特别适用于对可靠性要求较高的领域及在特殊环境下应用。例如：机场、海上平台、核电、风电、港口机械、钢厂……

第3章　顺特变压器产品介绍

3.1　顺特电气干式变压器雄厚的技术优势

1. 顺特电气于 1988 年建厂，是国内第一家生产干式变压器的企业，已成为世界干式变压器行业的翘楚和国内外著名的输配电设备成套供应商。

2. 2001 年 12 月，经国家人事部批准在顺特电气设立博士后工作站，为中国该领域高新技术产品的研发提供了有力的技术支持。

3. 顺特电气拥有整套先进的生产设备。如：德国 HEDRICH 公司真空浇注系统、德国 GEORG 公司自动叠片计算机控制铁芯横剪线、西班牙 BOBFILL 公司计算机控制高压自动绕线机和德国 STOLLBERG 公司低压箔式绕线机、日本村田机械公司数控机床等。噪声试验屏蔽室采用的噪声计算机分析系统由中科院声学所提供，是国内该行业中唯一一家具有该试验设备的生产企业。

4. 顺特电气在特殊的、大容量干式变压器设计理论和工艺技术方面形成了完善的理论体系，技术制造水平达到国际领先水平。1996 年制造出亚洲第一台最大容量的 16000/24000kVA 干式电力变压器，并通过了包括短路试验在内的所有试验项目。2005 年设计制造出目前世界上最大容量的干式变压器（型号为 SCZ9-25000/35/10.5），顺利通过了国家变压器质量监督检验中心包括"承受突发短路能力试验"在内的全部例行、形式和特殊试验。

5. 1993 年，顺特电气在同行业率先引入 ISO 9000 质量保证体系，并于 1995 年 4 月取得英国标准协会（BSI）和中国香港品质保证局（HKQAA）的 ISO 9001 质量体系认证证书；2002 年，取得这两家机构的 ISO 9001-2000 版升级认证证书以及 ISO 14001 环境管理体系认证证书；2004 年又成为行业第一家通过 OHSAS18001 职业健康安全体系认证的企业，并于同年将 3 个体系整合为一体化体系进行管理。

6. 顺特电气的干式变压器产销量 20 年来一直位居榜首，市场占有率是该行业第一，具有非常好的运行业绩，迄今为止已投入运行的 50000 多台产品为顺特树立了蜚声国内外的质量信誉，也是客户对顺特的信心所在。

7. 顺特电气检测中心于 2010 年通过了中国实验室国家认可委员会的各项评审，成为干式变电器行业第一家通过认可的实验室。中心出具的带有"CNAL"标志的报告，得到了与国家认可委员会签订了国际实验室认可合作组织互认协议（ILAC-MRA）的 27 个国家和地区的 37 个实验室的承认。

8. 顺特电气产品继 1993 年率先通过国际高压电气设备监测中心——荷兰 KEMA 公司的检测后，产品又通过了 E2、C2、F1 等项特殊试验，成为中国第一家通过国际权威机构——意大利 CESI 全套试验的干式变压器制造商，整体生产工艺和设计技术水平等均已达到世界一流水平。

9. 强大的设计能力：

（1）利用自有设计软件 TOP2000 进行电磁优化设计，只要输入变压器的关键参数和约束条件，就可得出几千个甚至上万个电磁方案，从中选出最优方案；

（2）利用有限元分析法计算出铁芯的自振频率，设计时避开铁芯尺寸与磁滞伸缩的共振，对铁芯进行调整；

（3）利用有限元分析法对变压器的温度场进行分析，在变压器设计时使变压器的温度场分布合理；

（4）利用冲击电压计算软件对高压线圈进行冲击波过程计算，使高压线圈的结构更趋合理避免某一节点电压过高；

（5）利用电场计算软件来分析变压器的电场分布，使变压器的电场分布均匀；

（6）图纸采用计算机 CAD 和 PRO/E 模块化三维绘图，然后经计算机网络传输至工艺部门进行工艺方案的计算机设计。工艺部门确定工艺方案后通过网络传输至计算中心输出全部设计工艺底图。

3.2 顺特电气干式变压器先进的技术特点

3.2.1 设计考虑

1. 低损耗

以用户 30 年变电总成本最优化为设计约束条件来进行变压器损耗等参数的选取，使空载损耗大幅度降低，负载损耗也达到合理的水平。

2. 噪声

顺特电气与国内知名大学和科研机构合作进行噪声机理的研究，在设计磁密的选取、铁芯结构及线圈结构等方面作出改进，使变压器的噪声水平比国标规定值小 8~15dB。

3. 可靠性

顺特电气引入可靠性工程技术，在设计、采购、生产、试验、故障分析等环节实施改进工作，从而保障产品的可靠性并持续改善。

4. 抗温度变化

用环氧树脂浇注的线圈使得变压器能够在较大温差范围内工作，顺特电气产品在荷兰 KEMA 公司通过了 −25~175℃抗热冲击试验。

5. 抗短路能力

在设计中通过计算机核算变压器结构抗机械力能力，核算短路时的变压器应力情况以考察变压器抗短路能力。

6. 局部放电

选取优化设计的线圈结构避免局部场强集中，使局部放电水平降至最低。

3.2.2 工艺过程

1. 高压线圈

导体采用漆包铜扁线，层间以玻璃纤维作绝缘和加强，在高度真空下以环氧树脂浇注成型。树脂及其组分全部采用瑞士或德国公司产品，保证产品良好的电气绝缘性能和机械物理特性。根据具体散热情况，设置适当的散热风道，保证变压器运行的平均温升不超过 100K。另外，合理分配线圈的匝数，避免局部场强的集中，并根据场强的分布情况，选取合适的从绝缘和主绝缘。对于电压等级（20kV 及以上）较高的高压线圈，为了提高变压器抗雷电冲击能力，首末几匝靠线圈中部绕制，增大首末匝对铁轭的距离。同时，考虑到雷电冲击波电压梯度在线圈上的不均匀性，高压线圈的首末几匝采用 Nomex 纸伴绕，以加强首末几匝的绝缘性。

2. 铁芯

材料采用优质冷轧晶粒取向硅钢片，五阶梯接缝步叠，有效地降低了变压器的空载损耗和噪声水平。铁芯片的剪切由德国 GEORG 横剪线自动完成，自动堆栈铁芯，采用不叠上铁轭工艺，减少铁芯片的磨损，加工精度高。铁芯采用高强度聚酯带绑扎，穿心螺杆夹紧，拉板结构增强机械强度。铁芯表面涂有防锈树脂绝缘漆，以加强其防锈效果。

3. 低压线圈

250kVA 及以上的配电变压器，低压线圈为箔式结构，采用优质铜箔绕制。小于 250kVA 的变压器线圈形式与高压线圈相同，其导体采用涤玻铜扁线。低压采用箔式线圈绕制，加工工艺简单，提高了变压器的可靠性，且不存在轴向匝数和轴向绕制螺旋角，高低压绕组安匝平衡，短路时变压器轴向应力较小（线绕产品短路时的轴向应力为辐向应力的 10 倍左右）。另外，由于其绝缘层较薄，工艺上容易设置多层风道，解决散热问题。

低压箔式线圈采用法国 STOLLBERG 公司自动箔式绕线机自动绕制，出线铜排采用直出排结构，只有内部焊缝（在绕线机上采用氩气保护焊接，精度高，焊接电阻小），无外部焊接过程。绕组层间采用 DMD 预浸布绝缘，绕制完毕后端部用树脂密封固化。

3.2.3　保护系统及可选附件

1. 温度控制装置采用 TTC-310 系列温度显示控制系统，PTC 非线性电阻和 PT100 线性铂电阻双重保护，LED 温度显示，单片机控制，可校调控制温度、自动/手动启停风机，自动发出报警、跳闸信号及记录运行温度的最大值，可选装配置 4～20mA 电流输出或计算机 RS232 或 RS485 通信接口。外壳内的帘幕式风机具有噪声低、冷却均匀、安装方便的特点。设计时，根据变压器的容量大小，采用不同风量的冷却风机，以获得足够的散热效果。

2. 保护外壳的防护等级有 IP20、IP21、IP23、IP31 等。外壳材质包括铝合金材料、钢板、复合板和不锈钢。外壳可根据用户要求采用不同的材质和喷涂不同的颜色。

3. 可根据用户要求配置有载调压开关、高低压互感器、计量仪表等附件。带外壳的产品还可以选用高压带电显示、电磁锁等配件。

第 4 章　价格估算

各厂家产品价格估算见表 4.4-1。

价格估算（单位：万元）　　　　　　　　　　　表 4.4-1

参数	厂家 1	厂家 2	厂家 3
SCB10/500/10	10.6	14.5	10
SCB10/630/10	12	16	11.8
SCB10/800/10	14	18	13.5
SCB10/1000/10	17	21.5	15.2
SCB10/1250/10	18.9	24	17.8
SCB10/1600/10	22.5	28	20.5
SCB10/2000/10	26	34	23.6
SCB10/2500/10	30	36	28.5

价格说明：

1. 技术参数按国标；

2. 常规出线，IP20 外壳，带温控及风机；

3. 价格为设备本体价，不含包装运输费用。

以上产品价格仅供参考，产品价格会随着原材料价格的变化而波动。